림프드레나쥐

Lymph Drainage

저 자

김유정 여주대학교 뷰티약손미용과 교수(학과장)
이현실 여주대학교 뷰티약손미용과 겸임교수
김나영 삼육보건대학교 피부건강관리과 교수
안미령 삼육보건대학교 피부건강관리과 교수(학과장)
최은영 경일대학교 뷰티과 외래교수

림프드레나쥐
Lymph Drainage

초 판 인쇄 2014년 3월 5일
초 판 발행 2014년 3월 10일
개정1판 발행 2017년 3월 10일
개정2판 발행 2019년 9월 20일
개정2판 1쇄 발행 2022년 8월 25일

저 자 김유정, 이현실, 김나영, 안미령, 최은영
발행인 조규백
발행처 도서출판 구민사
주소 (07293) 서울특별시 영등포구 문래북로 116, 604호(문래동3가 46, 트리플렉스)
Tel (02)701-7421(~2) **Fax** (02)3273-9642
홈페이지 www.kuhminsa.co.kr
신고번호 제 2012-000055호(1980년 2월 4일)
ISBN 979-11-5813-726-7 93590

값 22,000원

림프드레나쥐

Lymph Drainage

김유정, 이현실, 김나영, 안미령, 최은영 공저

구민사

머리말

최근 피부건강관리에 대한 관심과 노력은 증가하고 있다.

이에 따라 체계적으로 피부에 대한 이론적인 지식과 관리법들이 다양해지고 있다.

과학적인 미용을 위한 노력과 연구들로 나날이 발전해가고 있는 현재에 전문 피부미용인들을 위한 자료로 기초적인 해부와 생리학적 지식 위에 림프계를 이용한 임상접근에 있어 도움이 되고자 Dr.vodder의 방식과 지금까지의 림프를 전문적으로 교육하시고 끊임없는 임상연구를 하시는 저자들로 구성되어 참여하였고, 최신의 임상적용법까지 시대의 요구에 맞도록 구성하였다.

이 책이 멋지게 완성되어 나올 수 있게 해주신 도서출판 구민사 대표 조규백 대표님과 직원 분들의 수고에 감사함을 전합니다.

저자 일동

contents

제1장 순환계

제2장 림프계

제3장 림프와 면역계

제4장 림프드레나쥐의 효과 및 작용

제5장 림프드레나쥐 이론

제6장 림프드레나쥐 기법의 실전

제1장
순환계(Circulatory System)

1. 순환계의 정의

물질의 흡수와 운반을 담당하는 운송계통의 기관을 순환계라 한다. 소화기 및 호흡기로부터 영양분이나 산소를 흡수하여 이를 세포들에게 전달하고 반대로 세포들로부터 대사산물인 노폐물과 이산화탄소를 거두어 신장 그리고 폐로 운반하여 몸 밖으로 내보내는 기능을 한다. 또한 내분비계통에서 형성되는 호르몬을 거두어 이를 필요한 부분에 전달하거나 배분하는 기능을 한다.

그림 1-1

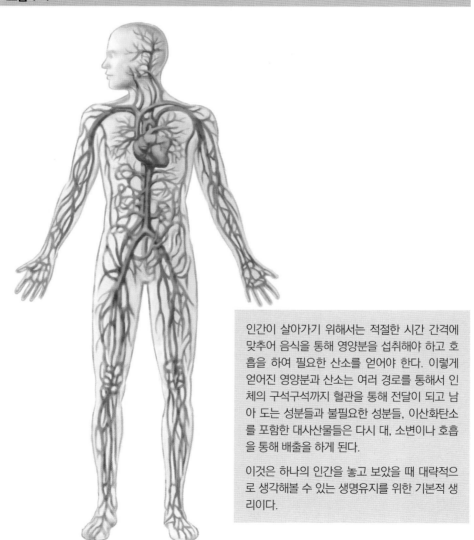

인간이 살아가기 위해서는 적절한 시간 간격에 맞추어 음식을 통해 영양분을 섭취해야 하고 호흡을 하여 필요한 산소를 얻어야 한다. 이렇게 얻어진 영양분과 산소는 여러 경로를 통해서 인체의 구석구석까지 혈관을 통해 전달이 되고 남아 도는 성분들과 불필요한 성분들, 이산화탄소를 포함한 대사산물들은 다시 대, 소변이나 호흡을 통해 배출을 하게 된다.

이것은 하나의 인간을 놓고 보았을 때 대략적으로 생각해볼 수 있는 생명유지를 위한 기본적 생리이다.

2. 순환계의 종류

1) 혈관계(Blood System)
혈액이 들어 있는 심장 및 혈관을 말한다.

2) 림프계(Lymph System)
조직으로부터 액체성분을 거두어 정맥에 연결시켜 혈관에 합류되어 심장으로 들어간다.

> **혈관계 : 심장, 혈관, 혈액**
>
> **림프계 : 림프절, 림프관, 림프(액)**

3. 혈관계 구성

1) 심장(Heart)

그림 1-2. 사람의 심장 단면

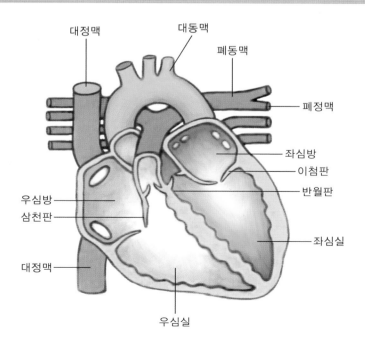

① 구조

- 불수의근으로 된 주먹만한 크기의 근육주머니

- 네 개의 방으로 구성

- 심실은 동맥 연결, 심방은 정맥 연결

② 기능

- 산소와 영양분이 담긴 혈액공급

- 이산화탄소와 노폐물을 걸러내는 역할

* 심장 : 심장은 흉강내 좌폐와 우폐 사이인 종격에 있는 근육성 기관으로, 전면에는 흉골과 늑연골이 있고, 후면에는 식도와 흉대동맥이 있다. 상하는 제3-6 늑연골 사이가 되며 횡격막 위에 얹혀있고, 심장의 2/3가 흉골 정중선에서 좌측에 치우쳐 있다. 심장의 무게는 250-350g 정도이다.

2) 혈관(Blood Vessel)

(1) 동맥(Artery)

- 심장에서 나가는 혈액이 흐르는 혈관으로 혈관벽이 두껍고 탄력이 있다.

- 기본 혈관벽의 구조는 3층으로 되어 있다. 섬유성 결합조직으로 구성된 외막, 평활근으로 구성된 중간층의 중막, 가장 내측에서 내피세포로 구성된 내막으로 되어 있다.

그림 1-3. 인체의 주요 동맥(Principal Arteries Of The Human Body)

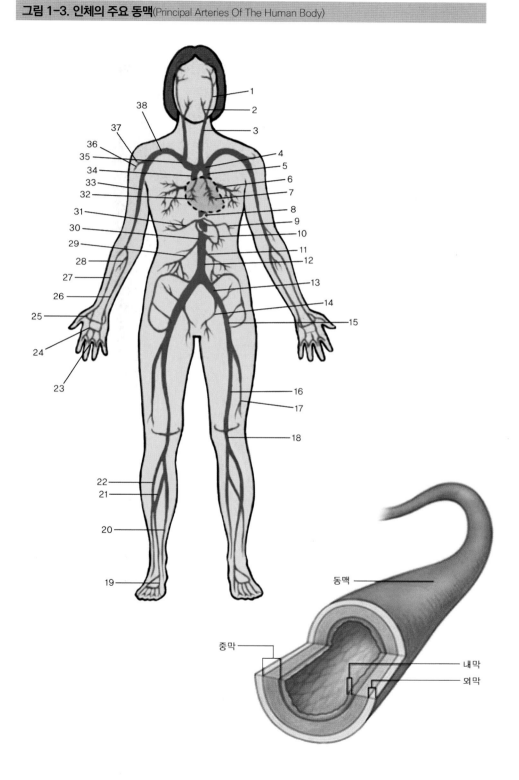

동맥

중막

내막

외막

(2) 정맥(Vein)

- 심장으로 들어가는 혈관으로 동맥에 비해 혈관 벽이 얇다.

- 군데군데 판막이 있어 혈류의 역류를 막는다.

- 모세혈관벽보다 그다지 두껍지 않은 세 정맥으로 시작된다. 세 정맥 다음으로 이어
  지는 정맥은 동맥의 구조와 같이 세층이다. 그러나 근육층은 동맥에서 보다 훨씬 덜
  발달되어 있다. 정맥은 정맥판을 통해 혈액의 역류를 막아준다.

그림 1-4. 인체의 주요 정맥(Principal Veins Of The Human Body)

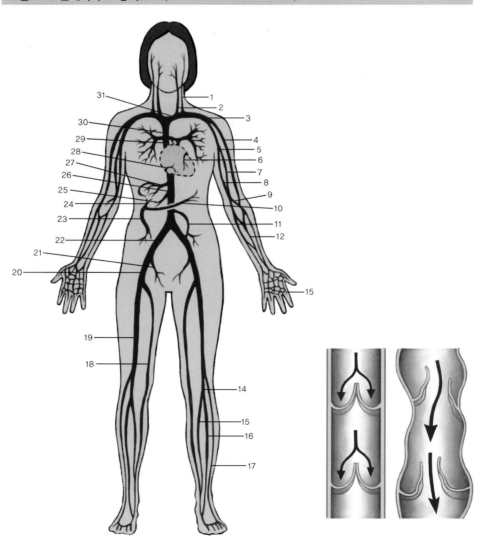

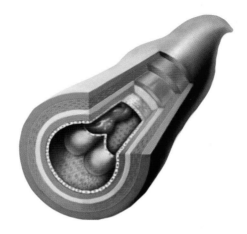

(3) 모세혈관(Aapillary)

- 동맥과 정맥을 연결하는 혈관이다.

- 온 몸에 그물 모양으로 퍼져 있으며 총 단면적이 넓다.

- 혈관 벽은 한 층의 표피세포로 이루어져 매우 얇고 가늘다.

- 매일 모세혈관을 통해 70,000리터 물이 확산, 여과, 재흡수 된다.

- 기본적으로 2층으로 구성되어 있는데, 내층은 내피세포가 일정한 간격으로 정열이
  되어 있고, 바깥층은 단순하게 생긴 구멍이 숭숭 난 기저막으로 되어 있다.

- 모세혈관의 내피세포는 매우 얇기 때문에 혈액 속의 액체 성분은 모두 확산에 의해
  쉽게 통과 할 수 있으나 적혈구와 큰 단백질은 통과하지 못한다.

동맥과 정맥 : 단지 물질의 운반만 담당

모세혈관 : 물질의 이동을 담당

그림 1-5

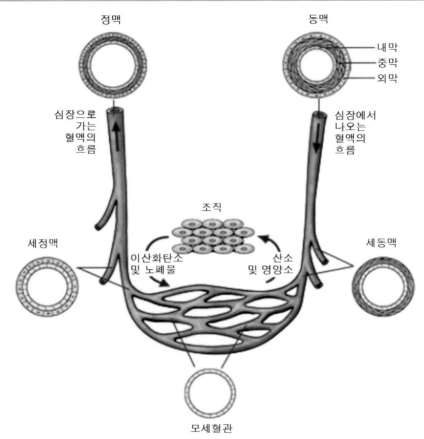

정맥
동맥
내막
중막
외막
심장으로 가는 혈액의 흐름
심장에서 나오는 혈액의 흐름
조직
세정맥
세동맥
이산화탄소 및 노폐물
산소 및 영양소
모세혈관

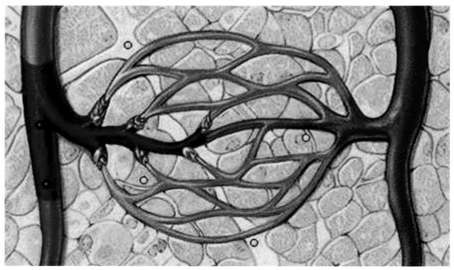

3) 혈액(Blood)

– 혈액의 양은 성인에 있어서 체중의 8~9%인 5~6L 이다.

– 혈액은 42~45%가 세포성분인 혈구이고, 나머지 55~58%는 액체 성분인 혈장으로 구성되어 있다. 혈구는 적혈구, 백혈구, 혈소판으로 구분되고, 적혈구와 혈소판은 핵이 없는 무핵 세포이고, 백혈구는 유핵 세포이다.

– 척추동물의 혈액은 액체 성분 혈장과 세포 성분인 혈구(적혈구, 백혈구, 혈소판)로 구성된다.

(1) 혈구(세포성분 : 전체 혈액의 45%, Blood Corpuscle)

① 적혈구(Red Blood Cell)

그림 1-6. 적혈구

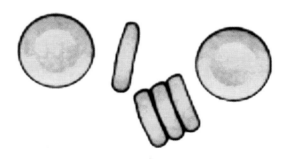

– 혈구 중에서 가장 많은 수를 차지하고 있다.

– 산소를 운반하는 혈색소 헤모글로빈이 들어 있다.

– 성숙한 적혈구는 핵이 없고, 중앙이 오목한 원판형이다.

– 적혈구의 성분은 산소운반의 주역인 혈색소(Hemoglobin)가 대부분을 차지한다.

– 한 개의 색깔은 담황색이지만, 여러 개가 모이면 붉은 색으로 보인다.

– 혈색소(Hemoglobin)는 복합단백질로서, 1분자의 글로빈(Globin)과 4분자의 햄(Heme)의 결합체이다. 또한 철(Fe)을 함유하고 있어 산소와 결합할 수 있다.

- 개수는 성별에 따라 차이가 있어 혈액 1mm3당 남자는 500만개, 여자는 450만개, 유아는 650만개 정도 이다.

② 백혈구(White Blood Cell)

그림 1-7. 백혈구

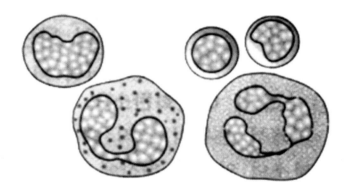

- 외부로부터 침입한 세균번식을 막아주는 역할을 한다.
- 몸의 염증이 생기면 그 수가 급격히 증가한다.
- 백혈구는 핵이 있으며, 적혈구보다 약간 큰 둥근형으로 혈액당 7,000~10,000개 이다.
- 백혈구는 적혈구와 달리 혈관벽을 빠져나와 조직 내를 유주하며 식작용으로 신체를 방어하는 기능이 있다.

③ 혈소판(Blood Platelet)

그림 1-8. 혈소판

- 혈구 중에서 가장 크기가 작다.
- 출혈 시 혈소판끼리 서로 엉키어 혈액응고에 관여한다.
- 혈소판은 거대 핵세포의 파편으로 혈구 중 크기가 가장 낮다.
- 혈액당 20~30만 개 존재한다.
- 혈소판의 주작용은 지혈 및 혈액응고에 관여한다.
- 혈액이 혈관 밖으로 나오면 혈장내의 섬유소원 피브리노겐(Fibrinogen)이 불용성의 섬유소 피브린(Fibrin)으로 변하여 혈소판 및 다른 혈구들과 더불어 응고를 일으키는데, 이를 혈병이라 하고, 응고되지 않고 남아 있는 노란 액체를 혈청(Serum)이라고 한다.

(2) 혈장(액체성분 : 전체 혈액의 55%, Plasma)

- 혈장 속에는 생명유지에 꼭 필요한 전해질, 영양분, 비타민, 호르몬, 항체, 그리고 혈액응고 인자 등 중요한 성분들을 포함하고 있다.
- 혈장의 성분은 약 90%가 물이고, 단백질이 7% 정도이며, 그 외 각종 무기 염류와 효소 및 면역물질, 소화관에서 흡수한 영양분, 세포의 대사산물인 노폐물, 내분비선에서 분비된 호르몬 등이 포함되어 있다. 알부민(Albumin), 글로블린(Globulin), 피브리노(Fibrinogen)로 구성되어 있다.

– 식균작용(백혈구의 일종)

– 항체 생성

그림 1-9. 혈액의 성분

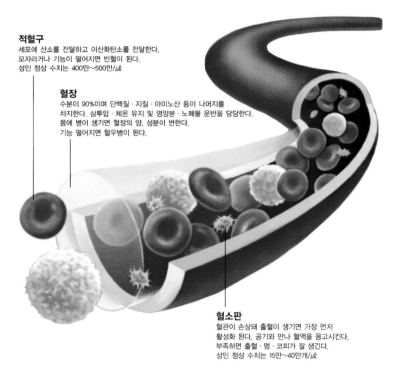

적혈구
세포에 산소를 전달하고 이산화탄소를 전달한다.
모자라거나 기능이 떨어지면 빈혈이 된다.
성인 정상 수치는 400만~500만/㎕.

혈장
수분이 90%이며 단백질·지질·아미노산 등이 나머지를
차지한다. 삼투압·체온 유지 및 영양분·노폐물 운반을 담당한다.
몸에 병이 생기면 혈장의 양, 성분이 변한다.
기능 떨어지면 혈우병이 된다.

혈소판
혈관이 손상돼 출혈이 생기면 가장 먼저
활성화 된다. 공기와 만나 혈액을 응고시킨다.
부족하면 출혈·멍·코피가 잘 생긴다.
성인 정상 수치는 15만~40만개/㎕

(3) 혈액의 기능

① 운반작용 : 호흡작용을 도와주는 산소와 이산화탄소의 운반 작용, 호르몬을 표
적기관에 운반하여 각 기관을 조절하는 작용

② 보호작용 : 외부의 병균, 이물질로부터 몸을 보호, 식균 작용, 항체 형성, 혈액응고

③ 항상성유지 : 체온 조절, Ph 조절, 삼투압유지

(4) 혈액 순환(체순환)의 경로

그림 1-10. 혈액 순환(체순환)**의 경로**

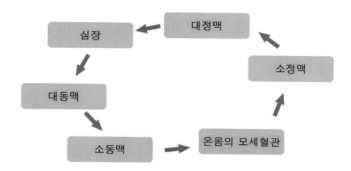

(5) 피부 혈액순환

피부 내에서 혈액은 진피층까지에만 존재하며 표피층에 필요한 영양물질들은 진피내 모세혈관으로부터 유두층을 통한 확산으로 림프체계에 의해서 공급받게 된다.

① 피부 혈액순환의 역할

　- 피부 각 구조에 산소와 영양 곱급

　- 피부 대사 산물인 이산화탄소와 노폐물 배출

　- 면역방어 기능

　- 항상성 유지, 체온조절

② 피부 혈액공급

　- 휴식상태 : 전체 혈액량의 10%(0.3 리터)

　- 육체활동 시 : 전체혈액량의 10~20배 증가

　- 추위 : 전체 혈액량의 25배 감소

③ 피부 혈액순환 구조

　피부 혈액순환의 구조에서 동맥계와 정맥계 혈관은 서로 모세혈관으로 얽혀 평행하게 흐르고 있다.

- 피하혈관 : 동맥계, 정맥계로 비교적 굵은 관으로 가지를 치며 갈라져 피하조직내의 결합조

- 진피심층의 혈관 : 동맥계, 정맥계로 피하조직과 진피층 경계면 부위의 진피 심층 혈관총에서 더 가는 혈관이 가지를 쳐서 내부를 수직으로 올라가 지방조직과 진피내 결합조직, 모낭

- 진피 상층부 혈관 : 동맥계, 정맥계로 유두층 부위의 진피 상층 혈관총에서 모세혈관 형태로 갈라져 유두층의 볼록면 아래에 동맥계와 정맥계가 서로 모세혈관 고리를 형성한다.

- 특이구조 : 동맥과 정맥사이의 단축경로로 말단의 모세혈관 순환을 단축시키는 것으로 모세혈관 전 단계에서 이루어지는 순환을 말한다. 이는 혈류를 조절함으로써 체온 조절면에서 매우 중요한 역할을 한다. 이들 특이구조는 특히 추위에 노출되어 있는 신체의 말단부위에 많이 존재한다(코, 손톱, 손가락, 귀).

그림 1-11. 피부 단면도

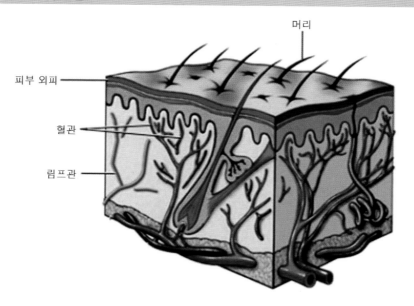

머리

피부 외피

혈관

림프관

제2장
림프계(Lymph System)

순환기 계통의 구성은 혈관계통과 림프계통으로 나눌 수 있다. 혈관계는 동맥, 정맥, 모세혈관으로 구성되며 림프계는 림프관, 림프절과 독립된 림프기관인 편도, 비장 및 가슴샘으로 구성되어 있다. 혈액의 일부는 전신의 모세혈관벽을 통하여 조직사이 공간 또는 세포간질 사이로 들어가서 조직액이 되며 이 전신 조직액 중의 일부는 다시 모세혈관으로 돌아오며 나머지는 모세림프관으로 들어가 림프가 된다.

림프관으로 흐르는 림프는 조직으로부터 액체성분을 모아 심장으로 돌려보내는 역할을 할 뿐 혈관계에서의 동맥이나 심장에 해당하는 부분은 없다.

모세림프관은 점차 합류하여 림프관이 되고 최종적으로 내외 경정맥과 쇄골하정맥의 합류부인 정맥각에서 대정맥으로 유입된다.

림프계는 심장 혈관계와 밀접한 관련을 갖고 있는데, 그것은 체액순환을 도와주는 림프관의 망을 갖고 있기 때문이다. 이 림프관들은 대부분의 조직 세포사이에 존재하는 간질 공간으로부터 초과된 분비액을 운반하여 대정맥으로 돌려보낸다.

1. 림프계의 주요기관

1) 흉선(Thymus)

그림 2-1. 흉선(Thymus)

- 가슴샘은 쌍엽의 부드러운 구조물로서 그 엽은 결합조직으로 둘러싸여 있다. 그것
은 쇄골절흔에서 심막까지 걸쳐져 있으며 대동맥궁의 앞, 흉골 윗부분의 뒤에 있는
종격동 안에 있다.
- 가슴샘은 림프조직으로 구성되어 있는데 림프조직은 그 표면에서 안쪽으로 뻗어 있
는 결합조직에 의해 소엽으로 세분된다.
- 가슴샘 안에 있는 상피세포는 티모신이라고 하는 단백질 호르몬을 분비하며, 이 티
모신(Thymosin)은 가슴샘을 떠나 다른 림프조직으로 옮아간 후에 T 림프구의 성숙을
돕는다.

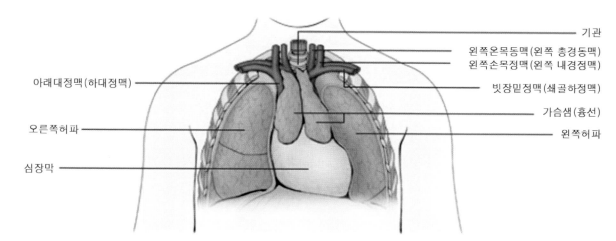

기관
왼쪽온목동맥(왼쪽 총경동맥)
왼쪽손목정맥(왼쪽 내경정맥)
빗장밑정맥(쇄골하정맥)
가슴샘(흉선)
왼쪽허파

아래대정맥(하대정맥)
오른쪽허파
심장막

2) 비장(Spleen)

그림 2-2. 비장(Spleen)

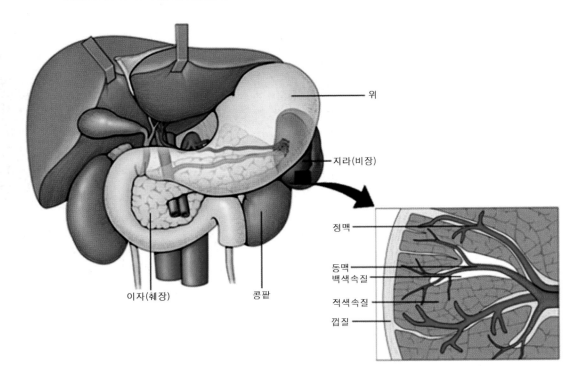

위

지라(비장)

정맥

동맥
백색속질

적색속질

껍질

이자(췌장)　　　　콩팥

- 비장은 림프기관 중에서 가장 크다. 비장은 복부의 왼쪽 윗부분에서 위의 뒤쪽과 횡
  격막의 바로 아래 부위에 위치하고 있다.
- 비장에는 혈관이 아주 많을 뿐 아니라 부드럽고 탄력이 있으며 혈액이 그 정맥동을
  채우는 만큼 늘어나며 기관의 실질까지 침입해 들어가 있는 평활근 섬유를 포함하
  는 아교섬유 피막에 의해 둘러싸여 있다.
- 비장에는 매우 중요한 두 종류의 조직이 있는데 적색수질은 주로 늙은 적혈구의 파
  괴와 관련이 있고 응급상황의 경우 언제든지 적혈구, 백혈구와 혈소판을 공급해 주
  는 공급창고이며 백색수질은 림프조직 덩어리들로 구성되어 중심동맥 주위에 밀집
  하여 존재한다.

3) 림프절(Lymph Node)

그림 2-3. 림프절(Lymph Node)

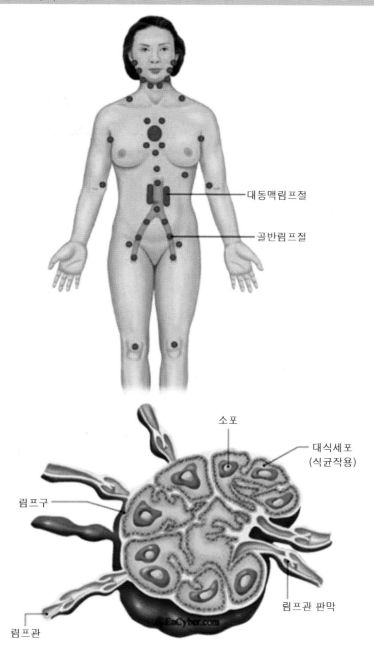

대동맥림프절

골반림프절

소포

대식세포
(식균작용)

림프구

림프관 판막

림프관

* 림프절은 일정한 구조로 되어 있는데, 오목한 부분인 문으로 신경과 혈관이 출입하고 1~2개의 수출 림프관이 나가며, 볼록한 부분에서는 수입림프관이 들어오고 있는데 수입 림프관은 상대적으로 수출 림프관보다 숫자적으로 더 많다. 수입림프관을 통해 림프가 유입되고 유입된 일부가 수출 림프관을 통해 심장 방향으로 이동을 한다. 즉, 림프가 농축이 된다.

- 림프절은 조직액과 림프액이 말단부위로부터 흉관으로 이동해 가는 동안 그 안에 있는 항원을 걸러내는 신체그물망의 일부를 형성한다.
- 림프절은 림프관이 분지하는 곳에 존재하고, 림프속의 유해물질을 거르고 림프구를 생산하며 식작용이 왕성한 방어장치이다.
- 림프절은 대 혈관벽 혹은 내장기관의 혈관 출입부에 국소적으로 집단을 이루고 있다. 특히 목, 겨드랑이, 서혜부, 종격동 그리고 복강부위와 같은 여러 곳으로부터 림프액을 배출되는 곳에 떼를 지어 위치한다.

① 주요 림프절
- 림프절은 여과 장치로서 림프경로에 포함된다. 대체로 림프절을 통한 여과작용이 없이는 기관이나 신체를 통과할 수 없으며 혈액순환 체계와 연결되어 있다.
- 혈관은 유문이라는 곳을 통해 림프절로 들어간다. 많은 수출림프관에 의해 유입된 림프액은 림프절에 집중되며 림프는 림프구, 혈장세포, 백혈구 등 면역체계의 모든 세포를 세척하고 수출림프관을 통하여 림프절을 나간다.

그림 2-4. 림프절 포인트점

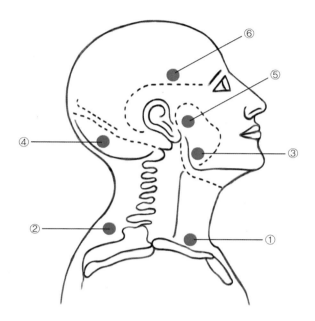

림프절 포인트점
① 터미누스 (Terminus)
② 옥시푸트 (Occiput)
③ 앵굴루스 (Angulus)
④ 프로폰두스 (Profundus)
⑤ 파로티스 (Parotis)
⑥ 템포라리스 (Temporalis)

a. **목 림프절** : 목 부위의 림프절은 턱의 아래쪽 경계를 따라 귀의 앞과 뒤의 큰 혈관을 따라 목 안의 깊숙한 부위에 있다. 이 절들은 비강과 인두의 조직뿐만 아니라 얼굴과 두피에서 나오는 림프관과 연결되어 있다.

b. **겨드랑이 림프절** : 겨드랑이 부분과 팔 아래 부위에 있는 림프절들은 팔과 흉곽의 벽, 유선, 복부의 윗벽에서 나오는 림프관에서 받아들인다.

c. **서혜 림프절** : 서혜 부위의 림프절은 다리와 외부생식기 및 아래 복벽에서 림프를 받아들인다.

d. **골반강 림프절** : 골반강 내에서 림프절은 제일 먼저 장골 혈관의 길을 따라 있으며 이 절들은 골반강 내에서 림프를 받는다.

e. **복강 림프절** : 복강 내에서 림프절은 장간막동맥과 복대동맥의 주가지들을 따라 사슬로 연결되어 있다. 이 절들은 복부내강에서 림프를 받는다.

f. **흉강 림프절** : 흉강의 림프절은 종격동내와 기관 및 기관지를 따라 있다. 그들은 흉부 내장과 흉부의 내부벽에서 림프를 받는다.

② 림프의 기능
  - 생물학적 여과기능
  - 림프의 농축
  - 면역기능(림프구의 복제)
  - 흡수나 대사되지 않은 물질의 저장
  - 체내의 수분균형 유지
  - 면역작용

2. 조직액과 림프 형성

- 인체 구성의 70%가 물로 이루어져 있다. 세포내에 존재하는 세포내액과 세포와 세 포사이의 액체인 세포외액(세포간액)이 있다.
- 세포는 세포외액에 영양소를 저장하며 세포외액은 비타민, 미네랄 등과 같은 영양 소를 저장함과 동시에 세포들의 신진대사 후 노폐물 처리장소이기도 하다.
- 세포외액은 혈액으로부터 형성되어지는 것으로 혈관벽을 통해서 투과된 비타민과 미네랄을 함유한 액체는 정맥계로 들어가거나 일부는 림프계로 들어가게 된다. 림 프계로 유입되는 세포외액은 그 성분의 화학적 변화를 거쳐 '림프'가 되고 원래의 세포외액과는 그 성분이 전혀 다르게 된다. 림프는 본질적으로 모세림프관으로 들 어간 조직액이다.

1) 조직액 형성

- 조직액은 혈장에서 생성된다. 조직액은 확산과 여과의 결과로 모세혈관을 통과한 물질과 액체로 이루어져 있다.
- 조직액은 혈장에서 발견되는 다양한 영양소와 가스를 가지고 있지만 대개 큰 분자 의 단백질은 없다. 작은 분자로 된 어떤 단백질은 모세혈관에서 빠져나와 세포간질 로 들어간다. 보통 이런 작은 단백질들은 확산과 삼투압에 의해 모세혈관들의 세정 맥 끝으로 되돌아갈 때 재흡수되지 않는다.

2) 림프의 형성

- 림프의 형성은 모세혈관벽을 통하여 혈액으로부터 여과된 조직액들이 조직 쪽으로 스며들면서 형성된다. 림프는 주로 정맥계에서 일어나는 '재흡수' 현상에 의해서 형 성된다.
- 모세혈관에서는 여과된 액체와 조직 안에 축적된 액체를 정맥계로 다시 이동시키기 위한 재흡수작용이 일어나는데, 이를 스탈링 평형이라고 한다. 이 평형은 완벽하지 않다. 즉, 모세혈관 벽을 통하여 스며나온 액체는 전부가 재흡수되는 것은 아니다. 재흡수되지 않고 남은 약간의 액체는 특별한 수송체계로 들어가는데, 이것이 '림프' 가 되는 것이다.

- 혈관은 재흡수하는 양보다 더 많은 액체를 배출한다. 그러므로 만약에 이 액체를 수
송하는 관이 없다면, 이 불균형에 의하여 계속적으로 조직 간질액의 양이 늘어나게
된다. 이 초과된 액체들의 흐름이 '림프'를 형성하게 되는 것이다. 그러므로 '림프'
란 혈관에서 배출된 후 재흡수되지 않는 조직액이라고 할 수 있다.

3) 림프의 기능

- 우리 인체에는 600개 이상의 림프가 존재하며, 약 160개 정도는 목 부분에 모여 있다.
- 모세혈관에서 새어나온 대부분의 단백질 분자는 림프에 의해 운반되고 혈류로 되돌
아간다. 그와 동시에 림프는 조직액에 들어갈지도 모르는 박테리아 세포들과 바이러
스 같은 다양한 외부물질을 림프절로 운반한다. 이 단백질과 외부물질들은 모세혈관
에 쉽게 들어가지 못하지만 모세림프관은 특별히 그들을 받아들이도록 되어 있다.
- 림프절은 많은 양의 림프구를 가지고 있다. 실제로 림프구는 다른 조직에서도 생산
되지만 주로 림프절에서 생산된다.

림프란?

림프는 인체에 고루 분포하며 신체대사에서 중요한 물질로서, 세포로부터 영양액을 운반하는
간질성 림프분만 아니라 간접적으로 수억만 개의 세포 원형질내를 순환하는 세포내액을
포함하기도 한다. 적혈구가 산소와 이산화탄소를 운반하는 수송수단으로 작용하는 것처럼 림프는
비타민, 호르몬, 혈중 혹은 다른 조직손상으로 인한 대사 노폐물, 기초대사물질, 영양물질로서
세포에 필요한 거의 모든 혈장단백질 구성물질을 포함한다.

3. 림프순환 계통 경로

1) 림프관(Lymphatic Duct)의 종류

– 림프의 경로는 모세림프관으로부터 시작한다. 이 작은 튜브는 합해져서 더 큰 림프

관을 형성하고 차례로 흉곽의 정맥과 결합하는 집합관이 있다.

그림 2-5. 림프관

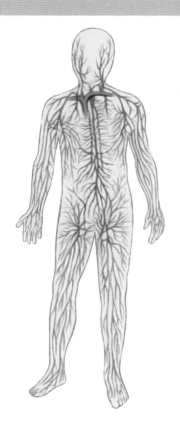

① 모세림프관(Lymph Capillary)

- 모세림프관은 현미경으로 관찰되는 끝이 막힌 관이다. 그것들은 모세혈관망과 평행을 이룬 복잡한 망을 형성하면서 간질의 공간에까지 뻗어 있다.

- 모세림프관의 벽은 모세혈관처럼 단층 편평상피로 되어 있고, 이 얇은 벽은 조직액이 간질공간에서부터 모세림프관으로 들어가는 것을 가능하게 해준다.

- 조직 내에서 맹관으로 시작되는 모세림프관의 구조는 모세혈관과 유사하나 많은 림프판막이 있다. 조직액이 하나의 모세림프관내에 들어있게 되는 것을 림프라고 한다.

② 림프관

- 림프관은 작은 정맥벽과 비슷한 구조를 갖고 있으며, 그 벽들은 내피의 내층, 평활근과 탄력섬유의 중간층, 결합조직의 바깥층 등 3개의 층으로 되어 있다. 또한 림프관은 정맥처럼 림프의 역류를 막아주는 판막을 가지고 있다.

- 모세림프관은 서로 합류하여 점차 굵은 림프관을 이루며 조직에서 스며나온 림프는 판막이 많은 림프관 속을 흘러 심장에 가까운 정맥에 주입된다.

- 모세림프관과 림프관은 실제로 거의 모든 조직과 기관에 널리 분포하고 있으나 혈관이 없는 조직인 연골, 표피, 각막 등과 비장실질, 안구, 내이, 중추신경계 및 뇌경질막 등에는 없다.

③ 림프관 줄기의 집합관(Collector)

- 몸의 비교적 큰 부위에서 림프를 끌어들이는 림프관 줄기를 보면 허리 림프관 줄기는 다리와 아래쪽 복벽 및 골반기관에서 림프를 흡수하고 장림프관 줄기는 복부 내장기관에서 흡수하며 늑간, 기관지 종격 림프관 줄기는 흉곽부분에서, 쇄골밑 림프관 줄기는 팔에서, 목 림프관 줄기는 목과 머리 부분에 림프를 끌어들인다.

- 림프관은 모여서 림프관 줄기가 되고, 또 몇 개의 림프관 줄기가 모여서 집합관으로 된다. 이 림프관 줄기는 가슴림프관(흉관)과 오른 림프관이라는 2개의 집합관중의 하나와 연결된다.

2) 림프순환

- 조직의 압력상승으로 림프형성은 시작된다. 특히 결합조직의 체액량에 따라 다르게 생성된다. 조직액의 삼투압이 올라가면 모세혈관에서 수분의 재흡수가 잘 되지 않는다. 그렇게 되면 간질액이 증가하고 간질압이 올라간다. 이 증가된 간질압이 조직액을 모세림프관으로 돌아가게 하여 림프가 형성된다.

- 림프의 흐름을 이루는 이 힘은 골격근의 수축과 호흡근의 작용으로 생기는 압력의 변화(흉강) 및 큰 림프관벽에 있는 평활근의 수축으로 생긴다. 골격근이 수축되면 가득 채워진 초기 림프관을 압축한다. 그러면 림프는 저항이 적은 쪽으로 흐른다.

- 첫 번째 림프관종의 열린 밸브 쪽으로 수축한 내장근에 의해 압축되면서 한 관에서 다른 관까지 펌프로 림프를 보낸다. 그러나 그런 경우 림프계는 정상적으로 하는 것보다 100배 이상의 액체를 제거할 수 있다. 일반적으로 보통 하루 2~3리터의 림프를 받아들인다.

그림 2-6. 림프순환

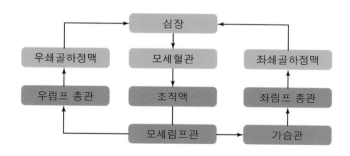

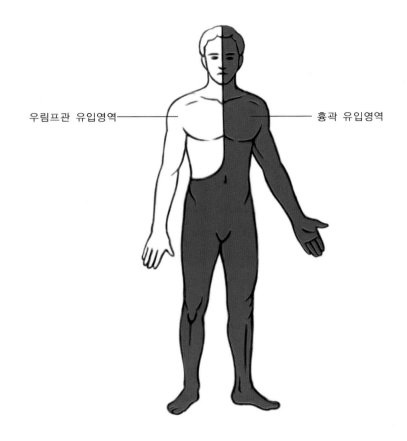

우림프관 유입영역 —————————— ———————————— 흉곽 유입영역

4. 림프의 흐름에 영향을 주는 인자와 저해를 주는 인자

1) 림프의 흐름에 영향을 주는 인자

① 호흡운동

호흡을 할 때마다 흉강 내 압력이 변화되면서 유미조를 비롯한 림프관과 장기 주변의 림프절, 하부에서 올라오는 중심부에 위치한 흉관이 자극을 받게 된다. 이로 인해 다시 한 번 심장 쪽으로 올라갈 수 있는 힘이 만들어진다.

② 근육의 수축 운동

림프관 주변의 근육이 수축하므로 인해서 피부와 근육 사이에 대부분 존재하던 림프관 안에 있는 림프액이 짜 올려지면서 림파지온의 자가 운동성도 더욱 증가된다.

③ 조직압 높을 경우

모세 림프관 주변에 조직액이 많아지게 되면 주변 조직력이 높아지게 되면서 섬유성 필라멘트가 모세 림프관의 판막을 잡아당기게 된다. 이때 판막 사이에 공간이 생겨 조직액이 림프관으로 들어간다.

④ 림프드레나쥐(Lymphdrainage)

신장에 민감한 수용기들이 있어서 외부에서 적용되는 아주 부드럽고 가벼운 마사지 등에 의해서 이 수용기들이 반응을 해서 림판지온이 더욱 활발히 수축을 하게 된다. 림프액이 림판지온으로 유입이 되면 내부는 림프로 가득차게 되고, 이것으로 인해서 림프의 내벽이 신장이 된다. 또한 외부에서 가해지는 자극에 의해서도 림프관이 자극이 되어 신장반사가 유발되어 더욱 림프관의 움직임이 증가된다.

2) 림프의 흐름을 저해하는 인자

① 외과 수술로 인한 림프선의 절단
② 흡연, 음주
③ 스트레스
④ 과다한 피하지방의 축척
⑤ 꽉 끼는 의상(거들, 청바지 등), 높은 신발
⑥ 잘못된 자세 : 오래 앉아 있거나 다리 꼬는 자세

제3장
림프와 면역계

림프와 면역계에서는 면역, 항원, 항체 등을 이해하는 것이 중요하다. 용어를 이해하기 위해 면역, 항원, 항체에 대하여 정리하고자 한다.

면역이란 병원체와 같은 특이한 이물질 또는 그들이 분비하는 독소에 대해 저항하는 것으로 특별한 이물질로 존재를 인식하고 그것을 제거하는 작용을 말한다. 모든 바이러스, 세균, 원충성 기생충은 인체세포 내부에서 증식하며 미생물 감염을 제거하기 위해서 면역계통은 이들 미생물에 감염된 세포를 먼저 인식하여 파괴하지 않으면 안 된다.

항원이란 면역반응을 일으키는 외부물질로 신체에 침입하여 항체를 생산할 수 있는 분자량이 큰 단백질이나 다당류이다. 항체란 항원과 반응한 결과로 림프구에 의해 생성된 단백질로서 혈액 속의 면역 글로불린을 말한다.

1. 세포면역

1) 식세포

식세포에는 대식세포, 단핵구, 다핵형 중성구 등이 속하며 이들 세포는 모두 골수간 세포로부터 유래된다. 식세포의 기능은 감염체를 포함한 입자와 접할 수 있는 장소에 위치하여 감염체를 세포내로 빨아들여서 파괴하는 일을 한다.

(1) 대식세포(Macrophage)

면역담당 세포의 하나로서 탐식세포라 불리 운다. 동물체내 모든 조직에 분포하고 이물질이나 세균, 바이러스, 체내 노화되고 퇴화된 세포를 포식하고 소화하는 모든 세포를 말한다. 혈액 내 단핵백혈구, 폐포대식세포, 복강대식세포, 염증부위 육아종 대식세포 등은 돌아다니며 포식하는 유주성 대식세포라 한다.

그리고 정착해서 포식하는 세포로 쿠퍼세포 , 중추신경계의 소교세포, 그 외 결합조직에서 볼 수 있는 조직구, 지라, 골수, 림프절동에서의 세망내피 및 림프구 간극에 돌기로 뻗어있는 수지상 대식세포, 혈관외막세포 등이 있다.

대식세포는 세포질 내에 가수분해효소가 축적된 리소좀이 많고, 이물포식에 의해 형성된 파고좀과 융합해 효소를 방출하여 소화, 식작용을 한다.

(2) 단핵구(Monocyte)

사람의 백혈구 중 약 4~8% 차지하며, 림프구 및 과립 백혈구로부터 독립한 백혈구의 한계통, 단구, 단핵 백혈구라 한다. 골수에서 생성된다.

(3) 호중구(Neutroph)

주로 골수에서 만들어지고, 과립백혈구의 일종이다. 과립구의 약 90% 차지하고, 호중성백혈구 기능 중 가장 현저한 것은 세균의 포식과 살균이다. 또한 세포질과립에서 여러 효소나 작용인자가 방출되어 살균에 도움이 된다. 이 살균물질은 포식한 세균뿐만 아니라 주변의 세균이나 조직에도 장애를 주며 염증은 확대된다. 염증부위에서의 호중성백혈구는 급속히 사멸하고, 호중성백혈구보다 12시간 이상 늦게 도달한 매크로파지가 죽은 세포를 처리하는 동시에 급성염증에 작용한다.

2) 림프구

림프구는 우리 체내에서 매우 중요하다. 인체내에 침투할 수 있는 외부물질에 대한 방어체제 역할을 수행한다. 미생물의 감염에 대하여 '면역성'을 형성함으로써 인체 면역방어 기능을 수행한다. 림프구는 특이적 면역에 관여하여 병원체를 인지하는 후천성 면역반응을 한다.

- 모든 림프구는 골수간 세포로부터 유래되어 T림프구와 B림프구로 분화한다. T림프구는 흉선에서 분화하고, B림프구는 골수에서 분화한다(T 림프구는 흉선의 Thymus에서 B림프구는 골수의 Bone Marrow에서 명명한다). 그들은 작은 림프구와 큰 림프구로 나타난다. 가장

큰 구분점은 T림프구는 면역글로블린이 존재하지 않고, B림프구에서는 면역글로블린이 존재하는 것이다.

– 림프구는 림프절 안에서는 몇 시간 또는 며칠은 남아있지만 혈액 안에서는 24시간 이상 있지 못한다. B림프구의 활동기간은 3일에서 8일이고 T림프구는 100~150일이다. 바이러스와 박테리아는 우리 몸의 면역체계에 의해 공격받는데, 분화된 림프구는 다시 혈장세포나 작은 림프구로 되고 혈장세포는 항체를 생산하고 분비된다. 같은 항원이 다시 접촉할 때 림프구는 면역학적 기억수단인 기억세포에 의해 T림프구는 세포방어를 책임지고 인터루킨이라는 물질을 통해 항원을 인식해 B림프구를 도와준다.

(1) T 림프구

T 림프구는 골수에서 생겨 흉선으로 이동한 후에 성숙한다. 보조 림프구와 세포 용해성 림프구로 분류된다. 항원 수용체는 항체가 아니지만 구조적으로 항체와 유사한 막상의 단백질 분자이다. 주조직적합성복합체(Major Histocompatibility Complex, MHC)에 제한되어 부속세포의 표면에 발현된 단백질 항원만을 인식한다. 그 결과 수용성 항원이 아닌 세포 표면 부착 항원만을 인식해서 반응한다. 항원의 자극을 받은 보조 T 림프구는 사이토카인이란 단백질 호르몬을 분비하는데, 이 호르몬은 B 림프구와 대식세포 뿐만 아니라 T 림프구의 증식과 분화를 증식시켜 주는 기능을 가진다. 또한 염증성 백혈구를 활성화시켜 T 림프구 특이 면역과 자연 면역의 한 종류인 염증반응 사이의 중요한 연결을 시켜준다. 현재 면역 반응을 억제하는 것으로 알려진 억제(Suppressor) T 림프구의 본질과 생리학적 역할에 관해서는 많은 논란이 있다. 면역반응의 억제가 다른 T 림프구 집단에 의해 중재되는지 혹은 여러 조건하에서 보조 T 림프구나 세포용해성 T 림프구들에 의해 중재되는지가 명확하지 않다. 림프구의 표지인 표면 단백질에 대해 통일된 CD명명법을 사용할 것이다. CD란 분화군(Cluster of Differentiation)이란 말의 영문 약자로서 림프구의 분화단계나 세포의 유

래를 알아보기 위해 이용했던 단일 클론 항체(Monoclonal Antibody)의 군 (Cluster)에 의해 인식된 분자를 의미하며, 이로써 림프구들간의 구별이 가 능해 졌다.

T림프구의 종류로는 다음과 같다.

① 미접촉 T세포

미접촉 T세포(Naive T cell)는 분화와 성숙을 거쳤지만 아직 말초에서 항 원을 만나지 못한 T세포이다. 항원전달세포에 제시된 아직 인지되지 않은 MHC:항원 복합체를 만나면 T세포 항원 수용체 신호 전달 과정 (T-Cell Receptor Signaling Pathway)을 통해 항원을 인식하고 효과 T세포로 활성화되어 적응 면역이 시작된다. 표면에는 세포 접착 분자(Cell Adhesion Molecule)인 L-셀렉틴(CD62L)이 존재하는 반면, 효과 T세포의 특 징인 CD25, CD44, CD69와 기억 T세포의 특징인 CD45 등은 거의 존 재하지 않는다.

② 도움 T세포

이 부분의 본문은 보조 T세포이다.

도움 T세포(Helper T cell, 또는 Th cell)는 효과 T세포 중 다른 백혈구들의 분 화 및 활성화를 조절함으로써 체액성 면역을 촉진하는 세포를 말한다. 세포 표면에 CD4 단백질을 가지고 있다는 특징 때문에 CD4 T세포라 고도 한다. 보조 T세포는 세부 기능에 따라 다시 Th1, Th2, Th17, Treg 등으로 분류된다. Th1 세포는 인터페론 감마(Interferon-gamma, IFN-γ)과 종양괴사인자 베타(Tumor Necrosis Factor beta, TNF-β)를 분비함으 로써 대식세포의 내부에서 엔도솜과 리소좀이 융합하여 엔도리소좀을 형성하도록 유도한다. 한편 Th2 세포는 여러 종류의 인터류킨 (Interleukin, IL)을 분비하여 B 세포가 형질 세포로 분화하도록 한다.

Th17 세포는 인터루킨-17(IL-17)을 분비하여 호중성백혈구를 모이게 한다. 조절 T세포라고도 부르는 Treg 세포는 면역 반응을 촉진하는 것이 아니라 오히려 억제함으로써 면역의 항상성을 유지하며 자가면역 반응 등을 차단한다.

③ 세포독성 T세포

이 부분의 본문은 세포독성 T세포이다.

세포독성 T세포는 그랜자임(Granzyme)이나 퍼포린(Perforin)과 같은 세포독성물질을 분비하여 바이러스에 감염된 세포나 종양 세포 등을 죽이는 세포이다. 세포 표면에 CD8 단백질을 가지고 있기 때문에 CD8 T세포라고도 한다. 보조 T세포와는 반대로 세포성 면역을 매개하여 바이러스 및 암세포를 제거한다.

④ 자연살상 T세포

자연살상 T세포는 보조 T세포 및 세포독성 T세포에 비해 적은 비율로 분포하는 효과 T세포의 하나로, 표면에 T세포와 같은 T세포 항원수용체(T Cell Receptor, TCR)를 가지고 있으나, NK1.1과 같은 자연 살세포 특이적 분자도 가지고 있다. 자연살상 T세포는 감마인터페론, 인터루킨-4(IL-4), 인터루킨-10(IL-10) 등을 분비하여 면역 반응을 조절하는 역할을 한다.

⑤ 기억 T세포

기억 T세포는 항원을 인지한 T세포가 분화 및 선별 과정을 거친 뒤 장기간 생존하고 있다가 나중에 항원이 재차 침입하였을 때 빠르게 활성화되어 효과 T세포의 기능을 할 수 있는 잠재적 능력을 가진 세포를 말한다. 미접촉 T세포가 항원을 만나 활성화된 상태의 세포, 또는 효과 T

세포가 인터루킨-7(IL-7)과 인터루킨-15(IL-15)의 영향을 받아 장기 생존 가능한 기억 T세포로 분화하게 된다.

(2) B 림프구

B 림프구는 조류의 파브리시우스낭(Bursa of Fabricius)이란 기관에서 성숙하는 것을 처음 관찰했다 하여 B 림프구라 불림. 포유류에는 조류의 이와 같은 구조는 없지만, 대신 B 림프구는 골수에서 성숙한다. 항체를 생산하는 유일한 세포이며, 항원수용체는 막에 결합되어 있는 항체로서 여기에 항원이 결합하면 B 림프구의 활성화가 일어난다. 이 활성화는 B 림프구가 항체 분자를 분비하는 작동세포가 되면 끝난다.

2. 체액면역

1) Ig A

- 주로 외분비샘의 다양한 분비물에서 발견되는데, 유즙, 눈물, 콧물, 위액, 장액, 담즙, 소변 등에 함유되어 있다. 그것은 또한 박테리아와 바이러스의 감염을 통제한다. 임산부의 태반을 통과하지 못하기 때문에 태아에게 갈 수가 없다. 그러나 유즙이나 유방에서 나오는 다른 분비물에 의해 수유하는 어머니로부터 아기에게 갈 수 있다.
- 분자량은 180,000이며, 비강이나 몸의 점막에서 발견되고 호흡기의 항원과 결합하여 제거하는 기능을 갖고 있다.

2) Ig D

- 대부분 B 림프구의 표면에서 발견되는데, 특히 유아의 림프구에서 많이 발견된다.
- 분자량은 150,000인 단백질로 항원의 수용체로 작용하는데, 그 수는 얼마 되지 않는다. 최근 항원을 유발시키는 림프구를 분화하는데 중요한 역할을 한다고 알려져 있다.

3) Ig E

- Ig A와 함께 여러 가지 외분비샘 분비물에서 발견된다. 가장 잘 알려진 작용은 알레르기 반응인 천식, 고초열과 관계가 있다.
- 분자량은 200,000이며, 처음 항원에 노출된 즉시 Ig E가 합성되고 비만세포에 견고하게 결합한다. 히스타민 방출을 유발시키고 비만세포로부터 염증물질을 유리시킨다.

4) Ig G

- 혈장과 조직액에 있는데, 박테리아나 바이러스 및 여러 가지 독소에 대항할 때 특히 효과적이다.
- 분자량은 150,000~160,000 정도이며, 면역 글로블린의 대부분을 차지하고 있다. 항원에 노출된 직후에 생성되며 태반을 통해 선천적 면역을 일으킨다.

5) Ig M

- 혈장에 있는 항체로서 음식이나 박테리아에 있는 어떤 항원과 접촉함으로써 반응한다.
- 분자량은 900,000 정도로 가장 큰 항체이며, 주로 염증부위의 최초 출현항체이며 열 개의 항원과 결합할 수 있는 부위를 가지고 있다.

제4장
림프드레나쥐의 효과 및 작용

1. 림프드레나쥐의 효과

1) 자율신경계에 대한 효과

자율신경계에는 낮신경계인 교감신경과 밤신경계인 부교감신경계가 있다. 자율신경계는 혈관, 근육, 피부 등에 분포하여 생명유지에 꼭 필요한 기관에 서로 길항작용을 하여 항상성을 유지하도록 해준다. 건강한 신체를 가진 인간의 자율신경계는 균형을 유지하고 있다. 지속되는 스트레스, 긴장, 업무상 승진이나 성공을 위해 노력하는 것들은 교감신경의 작용을 크게 하여 자율신경계의 균형을 잃게 만든다.

림프드레나쥐는 부교감신경계를 자극하여 저항력을 증진시키고 피로회복, 노폐물 배출, 숙면을 취하게 해준다. 정확한 림프드레나쥐의 시행은 자율신경계를 적절히 자극하여 고객의 만족도를 증진시킬 뿐 아니라 이완효과도 매우 크다. 또한 피부의 민감한 말초신경을 진정시켜 주는 효과를 가지며 피부 부종을 진정시키는 효과가 있다.

2) 반사작용에 대한 효과

- 반사작용은 자극에 대한 반응이다. 신경세포는 축삭을 통해 다양한 종류의 자극, 즉 불빛, 화학물질, 열, 기계적인 자극 등을 반사중추로 이동시켜 여러 가지 반응을 유발한다.
- 동통은 장기간의 근육긴장의 결과로 나타나며 두려움, 분노, 혐오감 등과 같은 감정에 의해서도 나타난다. 적절한 압력과 정확한 림프드레나쥐는 자극에 대한 근육활동을 완화시키고 동통을 경감시킬 뿐 아니라 감정적으로 즐거움, 행복감, 사랑의 마음과 같은 즐거운 반사행동도 일으킨다.

3) 신경세포의 반사경로에 대한 효과

- 동통 수용기 신경섬유는 말초부위의 동통자극을 전달한다. 만약, 고무밴드를 손목에 감아 눈감고 재빨리 뒤로 당기면 동통을 느끼게 될 것이고 시간이 지난 후 빨갛게 부어오르면서 부종, 발적, 동통, 열감 등과 같은 염증반응도 나타날 수 있다. 이것은 동통 수용기에 의해 받아들여지는 자극의 국소적인 반응이다.
- 자극을 받은 세포에서는 히스타민, 세로토닌, 프로스타글란딘 같은 물질이 분비되어 동통섬유에 작용한다. 이로 인해 우리는 동통을 느끼게 된다.
- 동통수용기는 자극을 받고 있는 동안은 계속해서 중추신경계로 자극을 보낸다. 이외에 촉각수용기가 있는데, 이것은 림프드레나쥐나 쓰다듬기 등에 의한 촉감자극을 척수신경을 통해 전달된다. 따라서 림프드레나쥐를 시행하는 동안 주어지는 동일한 압력은 촉각수용기와 동통수용기에 지속적으로 자극을 전달하여 동통을 감소시키거나 없애주는 기능을 해준다.

4) 혈관과 림프관종의 연근육에 미치는 효과

- 림프드레나쥐는 혈관의 연근육에 탄력효과를 준다. 림프드레나쥐는 조직 내 정체되어 있는 노폐물을 배출시켜 소동맥의 조직압을 낮추어 준다. 소동맥 내 압력이 떨어지면 모세혈관 내 혈류속도가 증가하여 조직 내 신진대사의 변화와 모세혈관 주위의 재흡수를 증가시킨다. 따라서 조직 내 노폐물의 정체를 막을 수 있다.
- 림프관의 수축은 골격근의 움직임, 동맥의 맥박, 호흡에 의한 흉부의 압력 차이, 장의 연동운동, 림프드레나쥐 등에 의해 일어나며 말초림프관의 림프양은 맥박과 림프배출량을 결정짓는다고 할 수 있다.
- 림프관은 자가수축력을 가지고 있는데, 자발적으로 또는 발생부위적으로 1분에 3~7번의 수축을 한다. 혈관내부의 압력 및 수축과 관계있는 림프박동은 1분에 1~30박동 사이에서 변화한다. 따라서 혈관벽의 수축력이 혈관벽의 긴장도에 의해 결정된다. 림프드레나쥐를 하는 동안 피부를 움직이는 것 자체는 림프관의 운동과 수축력 증가를 유도하여 결국 림프흐름의 증가를 초래한다.

2. 림프드레나쥐의 결합조직에 대한 작용

1) 결합조직 구조와 특징

- 결합조직은 부분적으로 뼈와 연골조직 같은 단단한 지탱물질, 건과 건막 같은 굳어진 결합조직 그리고 느슨한 결합조직으로 구성된다. 림프드레나쥐와 관련된 결합조직은 느슨한 결합조직을 말하며 기질을 포함한 몇 가지 물질로서 가용성 교원질 전구체로서 단백질, 단백질-다당류 복합체를 위한 비교원성 단백질, 점액다당류, 히아루론산, 히아루로니다제, 콘드로이친 황산, 섬유아세포와 같은 여러 종의 세포, 조직구, 이동성 세포, 콘드로사이트, 혈장세포, 과립세포, 비만세포와 지방 세포 같은 물질로 구성된다. 교원섬유, 탄력섬유 그리고 망상섬유 같은 섬유, 모세혈관, 림프관과 자율신경계의 말단섬유 등도 있다.
- 림프드레나쥐는 결합조직의 위치와 기능을 정상화시키는데 도움을 주고 결합조직에 있는 체액과 대사물질을 배출시켜 준다. 또한 림프관 운동을 자극하여 큰 분자물질, 즉 신진대사 노폐물과 림프 물질, 독소 등이 결합조직으로부터 제거된다.

2) 결합조직의 기능

(1) 영양소의 기능

- 결합조직은 완전한 유기체의 모든 영양소(지방, 단백질, 탄수화물, 물, 비타민 무기질)를 저장하여 신체의 모든 세포에 적절히 분포해주는 하나의 수분배양지 기능을 한다.
- 모든 신체세포는 결합조직으로 둘러싸인 조직체액으로부터 영양소를 빼낼 수 있다. 만약 영양소 결핍이 생기면 세포는 언제라도 저장기로부터 영양소를 끌어낸다.

(2) 생명유지 기능 및 재생기능

- 결합조직은 교원섬유와 탄력섬유를 생산할 분만 아니라 하나의 기관으로 각 신체기관들의 운송수단이 된다. 결합조직의 중요한 특징은 교원섬유와 탄력섬유를 생

산하여 새로운 조직으로 재생시킨다. 흉터는 결합조직으로부터 형성된 대표적인 예이다.

(3) 방어체계기능

– 결합조직은 세균과 같은 외부세포로부터의 침입에 대한 기계적인 방어작용도 한다. 세포외조직, 모세혈관 주위 조직, 운송전달, 세포간질과 기본 조질조직은 결합조직을 이르는 것으로 이는 결합조직이 다양한 기능을 하고 있음을 의미한다.

3. 림프드레나쥐의 모세혈관에 대한 작용

1) 모세혈관의 구조와 물질 이동

(1) 모세혈관의 구조

– 모세혈관은 분포해 있는 기관에 따라 혈관벽 구조에서 차이점을 보인다. 다시 말해서 모세혈관이 통할 수 없는 부위가 있다. 모세혈관이 적혈구보다 더 좁은 경우에는 모세혈관을 지날 수 있도록 적혈구 자체가 변형되어야 한다.

– 모세혈관의 기저막은 일정한 형태가 없는 원형물질 속에 파묻혀 엮어진 교원섬유로 구성되어 있으며, 30~45 암스트롱 정도의 간격을 가지고 있다.

(2) 모세혈관에서의 물질이동

① 확산

– 확산은 농도균형을 이루기 위해 농도가 높은 곳에서 낮은 곳으로 이동하는 것이다. 확산은 또한 온도에 의존한다. 다시 말하면 추울수록 확산이 늦어지고, 따뜻할수록 확산은 빨라진다. 큰 분자가 작은 분자보다 느리게 움직인다.

- 확산은 혈관벽에서 혈액단백질의 삼투압을 통해 재이용되는 결합조직으로 들어가는 체액의 흐름이다.

② 삼투성

- 삼투성은 반투막을 통과하는 확산이다. 예를 들면 이막이 물과 소금물처럼 두 가지 다른 농도를 분리하면 두 용액은 다른 '물농도'를 가진다. 즉 소금이 들어 있는 곳은 물분자가 적으므로 농도의 균형을 위해 물분자는 소금이 많은 곳으로 반투막을 통해 확산된다.
- 체액의 압력증가는 액체의 삼투압이라 불리 운다. 삼투는 소금과 설탕의 물을 끌어당기는 힘이며 또한 단백질의 물을 포함하는 능력이라고 할 수 있다.

③ 여과 및 흡수

- 물과 영양분은 삼투와 여과방법으로 모세혈관 벽을 통해서 조직에 도달한다. 하루에 70리터로 추산되어지는 물이 모세혈관에 의해 여과되어 진다. 모세혈관의 혈압은 여과할 수 있도록 하는 힘이고 여과된 물을 재흡수하고 모세혈관으로 물질이동이 되도록 하는 원동력이 된다.
- 재흡수의 힘은 삼투압 또는 교질 삼투압이라고 알려진 특별한 형태의 흡수력에 의해 모여진 물 속의 혈액단백질에 달려 있다. 혈액이 함유하고 있는 단백질의 평균은 거의 7.4%인데 이런 단백질은 보통 혈관에서 여과되어진 물을 흡수할 수 있고 유동체의 균형은 모세혈관 주위의 공간에서 유지되어 진다.

④ 폐포를 통한 물질 이동

- 폐를 통해서 체내에 들어오는 산소분자는 폐포에서 혈류에 의해 이동되어지는 헤모글로빈과 합친다. 이것은 모세혈관으로 가게 된다. 모세혈관에 산소가 있기 때문에 산소농도는 높다. 그런데 세포의 산소농도는 세포가 O_2를 태우기 때문에 낮다.
- 모세혈관에서 세포로의 O_2 이동과 세포에서 모세혈관으로의 CO_2 의 이동은 확산의 법칙에 따라 진행된다.

2) 모세혈관과 림프관을 경유하는 림프드레나쥐의 배출 효과

- 스타링은 1897년에 모세혈관에 영향을 미치는 4개의 힘을 설명하였다. 즉, 혈압, 여과력으로서 조직단백질의 삼투적 흡수, 조직압, 흡수력으로서 혈액 단백질의 삼투적 흡수 등이다. 생리적 상태에서 체액균형은 말초혈관에서 우세하다. 이것은 모세혈관 정수압이 조직 속으로 수분을 여과하는 것을 의미한다.

- 교질 삼투압은 수분을 다시 재흡수 한다. 단백질은 일반적으로 림프경로를 통해서만 조직을 떠나게 된다. 그래서 단백질이 침투하는 곳마다 부종이 일어난다. 그러나 부종은 림프배출이 방해되었을 때 일어난다. 단백질의 모세혈관 침투성은 부위마다 다르다. 뿐만 아니라 세포투과성 방법으로 또는 소정맥 벽 침투성에 의해 조절 된다. 그러므로 정확한 림프드레나쥐는 수분균형 유지를 위해 필요하다.

4. 림프 드레나쥐의 적용

1) 부종

- 부종상태가 되면 처음에 피부는 별 변화가 없고 약간 팽팽하다. 손가락으로 누르면 눌러진 채 유지되나 피부와 피하조직의 경도는 단순 부종처럼 탄력적이고 부드럽다.

- 외피주름을 잡아보면 정상피부 보다 더 두껍고 탄탄하며 그 밑은 단단히 고정되어 있다. 그 후 점차 딱딱해져 5~10년 후에는 사지의 둘레가 부어서 하지는 모양이 없게 되고 발목에서 갑자기 모아져 두꺼운 원통처럼 된다. 발 자체는 정상치수를 유지하나 두껍게 부풀어지고 발등 쪽으로 많은 주름과 같은 돌출부를 나타낸다.

그림 4-1. 부종

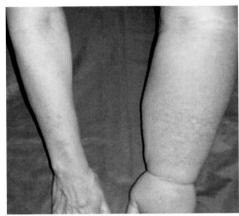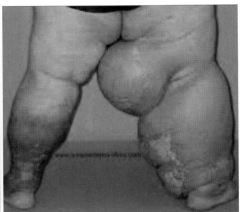

(1) 림프계 부종의 원인

① 림프계의 수송능력이 조직으로부터 림프의무물질을 충분히 수송하지 못할 때 발생한다. 림프의 무량은 인체부위와 질환에 따라 달라질 수 있다.

② 맥박수와 림프관의 진폭증가로 림프-시간-부피에 대한 림프관 체계의 수송능력을 초과하면 부종이 발생한다.

③ 느슨한 결합조직의 기능이 저하되어 부종이 발생한다. 결합조직의 기능저하는 '물부하', '지방부하', '세포부하' 또는 '단백질 부하'를 초래한다. 이를 예방하기 위해 단핵구들이 부종지역의 결합조직을 이동하여 대식세포들이 변환되고 거기에서 단백질을 소모하거나 부수어 보다 작은 조각들로 만들면서 단백질 부하는 감소된다.

④ 림프의 세포단백질 조절이 실패할 때 발생한다.

⑤ 정맥계 그리고, 림프계이상이 있으면 부종이 발생한다. 정맥계나 림프계의 배수로 시스템이 손상을 받으면 결합조직 내 울혈이 생기게 된다.

(2) 림프부종의 세 가지 범주

① 림프정체성 부종(단백질이 풍부) : Lymphostatic Edema

림프 정체성 부종은 림프배수가 기계적으로 불충분한데서 비롯된 부종이다. 기계적 불충분은 결합조직과 그 속의 전 림프통로가 과다한 단백질로 인해 기질적 변화가 일어난 것이다.

그 대표적 원인으로는 1. 림프맥관의 발육장애, 2. 림프통로들이 종양, 염증, 아프리카의 풍토 기생충 등에 의해 막힐 경우, 3. 절단, 수술, 사고, X-ray에 의한 손상, 4. 너무 강하게 조이는 옷에 의한 지속적 압박 등이 있다.

이와 같은 원인으로 기능적 변화가 처음의 림프맥관에서 일어나 림프관의 밸브가 닫히지 않게 되고 림프관의 운동성이 손상 받거나 골격근의 수축이 없어진다. 즉, 마비성 뇌졸중 혹은 운동부족 현상처럼 그 관들은 경련을 일으키거나 불충분한 혈액순환의 장애로 마비를 초래하게 된다.

② 림프역동성 부종(단백질 부족) : Lymphodynamic Edema

림프관이 더 이상 조직에서 수분을 제거할 수 없게 되었을 때 저단백 림프 역동성 부종이 된다. 림프드레나쥐에 의한 배출은 고단백 부종에서만 효과가 있다. 저단백 부종은 림프배출에 의해 영향 받지 않는다. 림프역동성 부종의 원인으로는 1. 신장 기능의 저하, 2. 기아, 3. 심부전, 4. 장질환 등이 있다.

③ 밸브기능 부전으로 인한 부종

이것은 림프의무물질의 갑작스런 증가와 전반적인 림프 울혈현상이다. 만일 양쪽이 다 손상이 된다면 괴사와 같은 양적 변화뿐만 아니라 부종과 같은 질적 변화가 올 수 있다.

④ 정맥류

정맥류는 "심부종"과 비슷한 현상이 나타난다. 혈관의 압력증가가 정맥, 원위소정맥, 말초혈관 등에서 혈관의 압력증가가 나타나 혈액의 흐름이 밸브에 의해 방해받고 정수압을 증가시키며, 여과를 증가시킨다. 그러나 정맥궁으로 림프의무물질이 정맥으로의 흐름은 방해받지 않는다. 단순정맥류를 가진 다리는 가늘어지고 야위기는 하나 림프계는 정상적 기능을 한다. 그러나 부종현상이 나타나는 정맥류 다리는 정맥계와 림프계 모두 기능 이상이다. 정맥류 다리는 아침에는 가늘다가 저녁에는 두꺼워진다. 림프관은 일시적으로는 과도한 수분을 제거할 수 있으나 어느 시점부터는 여과량이 림프관 능력을 넘어서 저단백-림프역동성 부종이 발생한다.

2) 염증

여러 형태의 부종에 덧붙여 염증이 주요한 적용증 중 하나이다. 염증은 다섯 가지 뚜렷한 특징을 가지는데 혈액순환 증가로 인한 발적, 모세혈관벽의 침투성 증가와 증가된 삼출로 인한 부종 그리고 열감을 느낀다. 비만세포로부터 히스타민이 분비되어 통증을 유발하며 염증부위의 기능 손상이 있다. 그러나 염증은 결합조직 상태를 정상에서 산성환경으로 변하게 한다. 그 결과 기저막 주위의 수분층이 작아지고 단백질의 침투성을 증가시킨다.

그림 4-2. 염증

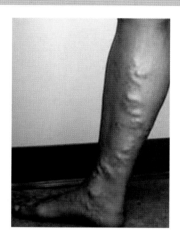

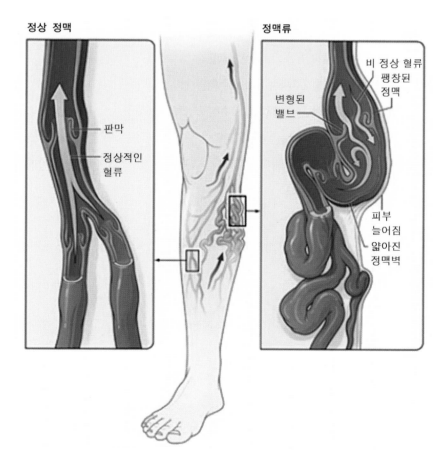

3) 여드름

(1) 여드름의 기전

여드름은 코리네 박테리아와 포도상 구균과 같은 세균에 의해 피지가 지방산으로 변하여 모낭에 축적되어 모공이 막혀 염증이 생긴 상태이다.

(2) 염증징후

발적, 부어오름, 통증, 열감 등으로 거의 모든 형태의 여드름이 이런 증상들을 나타낸다.

(3) 림프드레나쥐를 이용한 여드름 관리 방법

① 1회 마사지 할 때의 소요시간은 30분간

② 첫 1주째는 5회, 2주째는 3회, 3주째는 2회 실시

③ 비누나 알코올로 세수하지 말고 수성오일을 사용하라.

④ 적절한 영양 섭취와 좋은 식이습관

⑤ 수분섭취를 많이 하라.

그림 4-3. 여드름

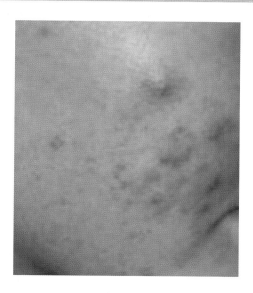

4) 셀룰라이트

(1) 셀룰라이트

셀룰라이트는 "오렌지 껍질"피부모양을 나타내는 것으로 여성에 있어서 복부와 허벅지 외측에 많이 발생하는 지방조직의 병적 상태로 지방축적이기 보다는 지방조직의 구조적 장애이다. 지방내용물은 정상이나 그 부위에 섬유소가 증식되고 지방세포들로 둘러싸이는 지방조직의 질환이다. 이것은 체중과다, 정상인, 야윈사람에서도 일어날 수 있다. 그리고 "셀룰라이트"는 정맥울혈과 림프울혈을 동반한다.

그림 4-4. 셀룰라이트

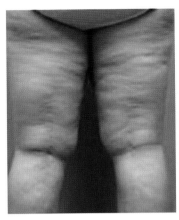
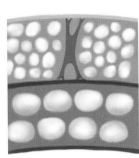
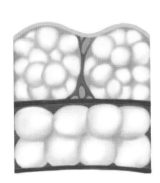

셀룰라이트란?

림프이동의 막힘으로 인해 생긴 현상이다. 인체는 세포간질에서 모세림프관으로 림프액이 계속적으로 이동하면서 체액양을 일정하게 유지한다. 림프관은 수술시 일부가 제거되면서 림프이동이 방해되어 조직액의 축적으로 부종을 일으킨다. 또한 염증으로 더 이상의 림프를 끌어들일 수 없는 경우 세포간질에 단백질이 쌓이게 된다. 이것은 조직액의 삼투압을 증가시켜 조직액이 축적되어 부종이 된다. 이상과 같이 수술, 조직의 염증 등으로 림프의 흐름이 원활하지 못해서 생성되는 것이 셀룰라이트(Cellulite)이다.

(2) 셀룰라이트 형성단계

① 1단계

정맥부전은 없고 모세혈관의 투과성 증가로 인한 지방조직의 손상 및 축적단계이다. 이것은 주로 내피손상에 의한 것이 아니라 모세혈관 주위조직, 즉 결합조직과 그 내용물의 손상에 의한 것이다.

② 2단계 : 부종의 증가로 인한 지방조직의 팽대

지방조직의 내피에서 밀려나온 일부 지방세포들은 파괴되어 주위의 수분과 결합하게 된다.

③ 3단계 : 작은 결절 형성

각각의 지방세포는 두꺼워지고 증식되어 그물모양의 섬유소들에 둘러 싸이고 이 섬유소들은 교원질 섬유소들로 변형되어 "셀룰라이트" 과정 동안 경화성 결합조직인 소결절이 형성된다. 이 단계에서는 피부를 집 어 3~4초 동안 들어 올린 후 손을 놓으면 고객은 통증을 경험한다.

④ 4단계 : 큰 결절의 형성

소결절들이 더 많이 합쳐지고 딱딱한 결합조직 캡슐에 둘러싸여 큰 결 절로 형성되는 단계로서 소위 오렌지 껍질 같은 피부가 되고 통증을 느낀다.

그림 4-5. 셀룰라이트의 형성단계

정상조직

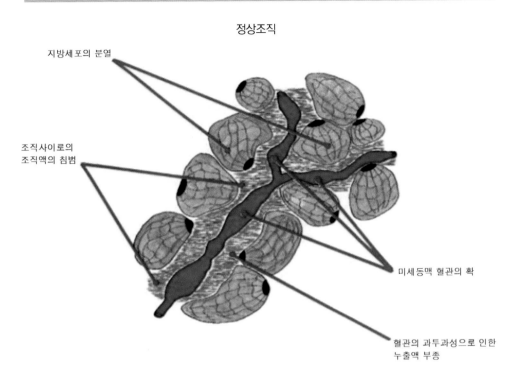

지방세포의 분열

조직사이로의
조직액의 침범

미세동맥 혈관의 확

혈관의 과투과성으로 인한
누출액 부종

혈액순환의 변화

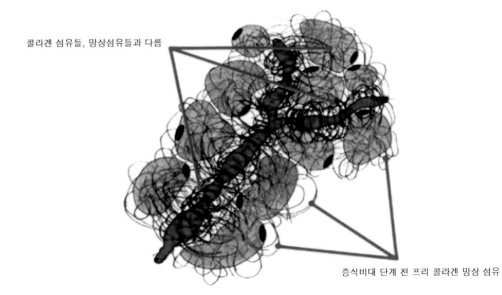

콜라겐 섬유들, 망상섬유들과 다름

증식비대 단계 전 프리 콜라겐 망상 섬유

미세결절의 형성

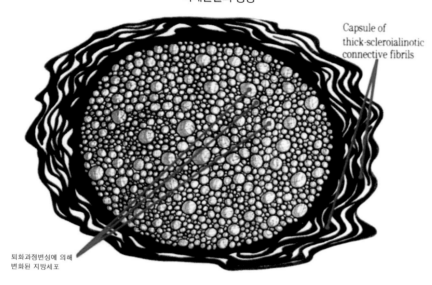

Capsule of
thick-scleroialinotic
connective fibrils

퇴화과정변성에 의해
변화된 지방세포

대결절 형성

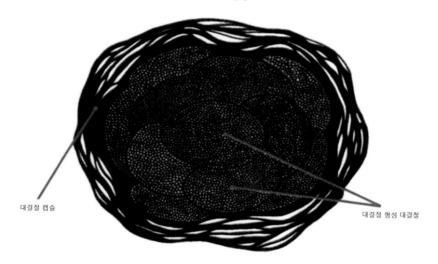

대결절 캡슐

대결절 형성 대결절

(3) 셀룰라이트 관리

"셀룰라이트"는 결코 염증이 아니므로 림프드레나쥐와 혈액순환 촉진마사지를 병행하여 지속적으로 관리하면 좋은 효과를 거둘 수 있다. 이때 아로마 오일을 이용하면 더욱 효과적이다.

5) 스트레스

(1) 스트레스에 대한 인체의 반응

① 스트레스를 받는 순간 뇌파는 갑자기 변화하며 이것은 시상하부를 통해 자율신경계에 직접적인 영향을 미치게 된다.

② 교감신경의 흥분으로 혈압과 맥박이 증가하고 아드레날린과 노아드레날린이 증가한다.

③ 지방과 탄수화물은 에너지로 소모되어 발한과 피부저항을 일으킨다.

④ 근육, 관절, 뼈가 스트레스로 인한 대사산물의 축적에 의해 손상 받고 노화과정을 가속시킨다.

⑤ 동시에 다른 스트레스 요인에 대한 감수성도 증가된다.

⑥ 지방산은 콜레스테롤로 바뀌어 혈관벽에 침착되고 그 결과 동맥경화가 된다.

⑦ 호르몬 균형의 변동으로 자율신경계가 손상되어 혈액순환에 긴장을 증가시켜 심근경색을 초래할 위험이 있다.

⑧ 위에서 위산분비가 자극되고 작은 경련을 일으킨다.

⑨ 결합조직 내 콜라겐 구조마저 변화한다.

(2) 스트레스에 대한 관리 효과

① 림프드레나쥐는 교감신경 차단효과를 가지므로 스트레스 반응을 차단하는 효과가 있다.

② 스트레스로 인한 질병발생을 막아주는 간접효과가 있다.

③ 조직배수와 소성결합조직에서 노폐물을 제거함으로써 스트레스 반응에 의해 활성화된 호르몬들이 파괴되고 제거된다.

④ 혈관벽 내 결합조직이 재생된다.

제5장
림프드레나쥐(Lymphdrainage) 이론

Lymph(림프) + Drainage(배액) = Lymphdrainage(림프배액)

Drainage : 농경의학용어에서 유래되었으며 '관개수로' 또는 '배수로'라는 뜻

1. 림프드레나쥐 창안

덴마크의 물리치료사이면서 마사지테라피스트인 Dr. Emil Vodder와 그의 부인 Estrid가 개발, 보급

그림 5-1. DR.Emill Vodder/Estrid Vodder

2. 림프드레나쥐의 효능

① 면역 기능 강화

: 염증성 여드름피부, 알러지 피부, 아토피, 예민 피부

② 부종 제거

: 성형수술 후, 비만관리 전

③ 자율 신경 조절 기능

④ 신진대사 조절 기능

자율신경을 구성하고 있는 교감신경과 부교감신경 중 교감신경을 일명
'낮신경'이라 한다. 주로 낮 동안에 활발히 활동을 하면서 신체를 활동적으로 만들어 주고 일을 할 수 있게 해준다. 반면 부교감신경은 '밤신경'이라 하며, 신체를 쉴 수 있게 하는데 도움을 주어 다음날 정상적인 활동을 하게 하기 위해 수면을 취하게 해주며 소모한 신체 에너지를 회복할 수 있게 한다. 엠엘디는 교감신경계의 진정효과를 일으킨다.

3. 림프르레나쥐의 목적

(1) 체액의 재흡수를 돕는다. 즉, 조직간 액의 일부를 정맥계나 림프계로 흡수되게 한다.

(2) 이미 정맥계나 림프계로 들어가서 정체된 액체의 흐름을 촉진한다. 에스테틱에서의 림프드레나쥐는 건강한 피부에 시행하며 림프순환을 촉진하고, 세포의 대사물질 제거를 용이하게 해준다. 노폐물의 배출은 조직의 영양대사 장애를 개선해주어 피부안색도 개선해준다.

4. 적용피부

(1) 물리적 자극을 피해야 할 민감성 피부

(2) 알러지 피부

(3) 여드름이 잘 나는 피부

(4) 부종

(5) 수술 후의 상처회복

(6) 셀룰라이트

(7) 홍반

5. 기본동작

1) 정지상태 원동작(Stationary Circle)

정지상태 원동작은 손가락을 피부에 평평하게 겹쳐서 놓거나 8개의 손가락을 나란히 옆에 두고 원동작이나 나선형으로 몸과 사지에 한다. 이때 시행방향은 림프배출 방향으로 흘러가게 하고 시행주기는 천천히 일정한 주기로 연속적으로 시행해야 한다. 이 방법은 주로 목, 얼굴 림프절 관리에 사용된다. 동작시행 시 조직에 가하는 압력은 서서히 높여주거나 서서히 내려주어야 한다.

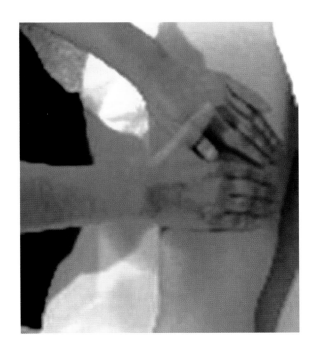

2) 펌프기법(Pump Technique)

손바닥은 아래로 향하게 하고 엄지손가락과 네손가락은 직각이 되게 한 후 같은 방향으로 타원형으로 움직여야 한다. 엄지손가락과 네 손가락은 곧게 뻗어 피부에 평평하게 놓고 손목을 유연하게 움직이면서 동작한다. 이 기법에서 손가락 끝은 아무런 역할을 하지 않는다.

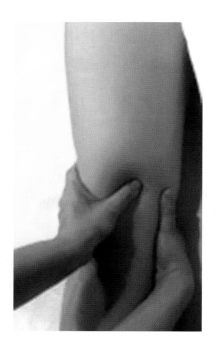

3) 퍼올리기 기법(Scoop Technique)

펌프기법과 대조적으로 손바닥을 위로 향하게 한다. 손목의 회전은 손목과 손을 하나의 나선모양으로 한다. 손가락을 뻗고 압력을 주는 동안 몸 쪽으로 돌린다. 안쪽으로 쓰다듬을 때 압력을 주고 밖으로 쓰다듬을 때에는 압력을 주지 않는다. 중요한 점은 검지 손가락의 수근-중수관절이다.

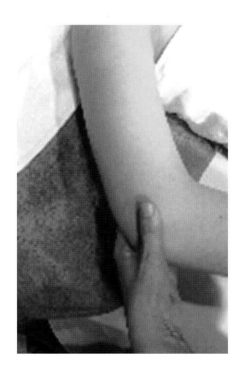

4) 회전기법(Rotary Technique)

　이 기법은 상대적으로 몸의 평평한 부분에 사용되고 개인적으로 다양하게 이루어진다. 손목은 위, 아래로 움직인다. 손바닥을 피부에 평평하게 놓고 안쪽에서 나선모양으로 바꿔가며 시행한다. 엄지손가락도 림프 순환방향으로 압력을 주면서 순환운동을 한다. 손목을 세우면서 압을 풀고 네 개의 뻗은 손가락은 움직인다. 엄지손가락은 돌리자마자 다시 압력을 가하게 된다.

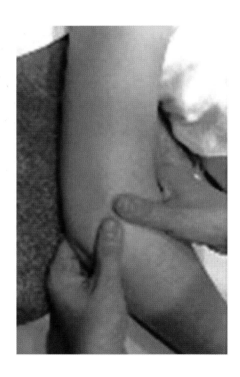

6. 적용 시 유의사항

1) 압력의 중요성

림프드레나쥐 시행 시 적절한 마사지 압력은 매우 중요하다. 즉, 조직으로부터 물과 단백질을 배출하기 위해 시행되는 적절한 압력의 림프드레나쥐는 재흡수를 일으키는 효과를 가진다. 또 물을 제외한 림프의무물질을 자극하여 림프노폐물로서 단백질을 조직 밖으로 보낼 수 있다. 림프드레나쥐 시의 압력은 이런 효과에 중대한 영향을 미친다.

2) 지속적 관리의 중요성

림프드레나쥐의 지속적 관리의 중요성을 이해하기 위해서는 "관성질량"이라는 용어가 설명되어져야 한다. 예를 들면 동전을 꿀에 집어넣어 동전이 보이지 않는데는 시간이 걸린다. 이때 꿀은 관성질량에 해당한다. 고장 난 차도 관성질량이다. 차에 시동을 걸면 비록 자동차는 움직이지 않지만 계속적으로 힘을 가해 밀어내면 어느 정도 시간이 경과한 후 결국 자동차는 움직이게 된다. 이처럼 물체가 움직이고 이동하는데는 기본적인 에너지 외에 일정시간이 필요하다는 것을 알 수 있다.

3) 이력현상의 중요성

늘어진 고무 밴드가 원래 위치로 점점 줄어드는 현상을 "이력현상"이라고 하는데 이 현상은 고무가 낡은 정도와 당김의 내구성에 따라 달라진다. 신체의 탄력섬유는 전형적인 고무의 특징을 가지고 있으므로 실제 림프드레나쥐에서 이력현상은 가장 중요한 것이다. 부종으로 인해 늘어진 조직은 림프드레나쥐를 적용하여 수분이 배출된 후라도 원래의 위치로 돌아오지 않는다. 어떤 의미에서 이것은 변형되었다고 할 수 있다. 보조요법으로 압박붕대나 탄력스타킹을 사용하면 림프드레나쥐의 효과를 증진할 뿐만 아니라 과도한 수분이 조직으로 돌아오는 것을 막고 이력현상을 증진시킨다.

7. 상대적 금기증

1) 갑상선 기능 항진증

(1) 갑상선 부위의 직접적 자극은 하지 말 것
(2) 림프드레나쥐 할 때
　　Profundus → Terminus의 방향으로는 피할 것
　　Occipu T → Terminus 방향으로 반드시 할 것
(3) 정해진 관리기간 보다는 기간을 줄여서 마사지 할 것

2) 천식성 기관지 발작

천식발작은 미주 신경에 의해 유발되는데, 림프드레나쥐는 미주신경에 효과가 있으므로 발작의 원인이 될 수 있다. 그러므로 발작이 없는 기간에 천식을 관리하는 것이 좋으면 하루에 두 번씩 하는 것이 좋다. 또한 흉골에 직접 시행하는 것은 좋지 않다.

3) 결핵

마사지에 의해서 캡슐에 싸여있던 간균들이 다시 활동성이 될 위험성이 있기 때문에 적용을 금한다.

4) 심부전

심부전에 의한 부종은 치료되지 않고 더욱 악화될 수 있다. 그러나 심장질환자들은 부종 부위 이외의 부분이 치료될 수 있다. 즉, 두통이 사라지기도 한다.

5) 월경기

복부관리는 피하라.

6) 저혈압

이 경우에는 초기에 전신관리를 절대하지 마라. 왜냐하면 저혈압을 초래할 수 있기 때문이다. 먼저 부분관리부터 시작하여 시간이 경과하면서 점점 전신관리로 가는 것이 좋다.

8. 절대적 금기증

    (1) 모든 악성질환들과 모든 급성염증질환들 세포를 변성시키고 세균과 바이러스가 림프계에 의해 전파되며 세포를 변성시키게 된다.

    (2) 색전증

    (3) 혈전증

    (4) 우측 심부전으로 인한 소위 "심부종"

    (5) 갑상선 기능 장애

    (6) 악성종양

    (7) 천식

    (8) 임산부

제6장
림프드레나쥐 기법의 실전

1. 준비사항

1) 주위환경

(1) 조명은 너무 밝지 않게 한다.

(2) 적당히 따뜻한 실내 온도를 유지하도록 한다.

(3) 소음을 없애고, 손의 리듬이 깨지지 않도록 음악도 틀지 않는다.

(4) 침대는 편안하며 부드러운 촉감으로 몸의 긴장을 풀 수 있도록 한다.

2) 고객준비

(1) 고객의 피부는 크린싱 되어 깨끗이 준비되어야 한다.

(2) 고객의 자세는 앉거나 눕혀서 완벽히 편안하게, 그리고 모든 근육들이 이완된 상태
    여야 한다.

(3) 시행자는 항상 자신의 손동작을 잘 관찰할 수 있는 자리에 위치한다.

(4) 시행자는 고객의 앞이나 뒤에서 실시하는데, 중요한 것은 고객안면의 어떤 근육도
    수축되지 않도록 한다. 근육수축은 림프순환을 방해하기 때문이다.

(5) 모든 근육들은 이완된 상태로 유지되어야 하는 것이 핵심이다.

(6) 고객과 말하는 것을 최소화하고 고객도 되도록 말을 하지 않도록 한다.

(7) 일반 마사지와는 달리 안면에서부터 시행한다.

3) 기법의 적용

(1) 체액평형을 유지하기 위해 림프드레나쥐의 배출법은 모든 피부관리의 기본이 되어야 한다. 피부 재생이 가장 잘 되므로 규칙적인 간격으로 18회 전신 림프드레나쥐를 권유한다.

(2) 여드름은 가장 중요한 적용대상으로 장기간 자주 시행하는 것이 좋다. 관리시간은 한 번 할 때마다 30분 이상은 해야 한다.

(3) 장미색 비강진, 안면 홍색증, 모세관 확장증 등의 증상이 관리 후에 나타날 수 있고, 특히 안면 부종, 혈관종 같은 울혈상태는 안면 리프팅 후 잘 발생된다.

(4) 눈물샘, 결합조직 내 단백질 축적을 일으키는 단백성 부종 또는 만성손상에서 비롯된 모든 피부병변, 알레르기, 만성습진, 화상, 만성 염증은 조심해야 한다.

(5) 일반적으로 저항력을 증가시키고 상처재생이 빠르며 켈로이드 치료에 이용되기도 한다.

(6) 셀룰라이트는 매우 중요한 적용대상이다. 규칙적인 림프드레나쥐는 다리부종을 예방하고 임신선 예방분만 아니라 이미 생긴 임신선에도 효과가 있다. 림프 정체성 피부는 조직학적으로 탄력 섬유소의 손상을 초래하므로 림프드레나쥐를 함으로써 이를 예방할 수 있다.

(7) 두터운 다리, 무거운 다리, 피곤한 다리 등에 효과가 좋으며, 림프드레나쥐로 체중감량까지도 가능하고 피부를 팽팽히 유지시켜 준다.

4) 적용 시 유의사항

(1) 손과 팔의 긴장을 푼다.

(2) 시행하는 동안 말을 하지 않는다.

(3) 일정한 속도를 유지한다.

(4) 손놀림은 가볍게, 정확히, 리듬감 있게 하되 손 밑 조직을 느껴가며 실시한다.

(5) 깨끗이 세안된 후 크림이나 오일을 사용하지 않은 채 실시한다.

(6) 주 1~2회 정도로 실시하며 10~15회 규칙적으로 계속 실시하면 효과가 높다.

(7) 한 번 시행 시 15~20분 정도가 적당하나 피부관리의 다른 단계에서 림프순환을
위한 동작이 보충된다면 10분 정도로도 끝낼 수 있다.

(8) 림프드레나쥐는 일반적으로 모든 단계가 끝난 다음 시행하는 것이 좋다. 이는 이
림프드레나쥐가 림프액의 순환을 정상적으로 재정립해주고 노폐물 배출을 안정화
시키기 때문이다. 손님에게도 마지막으로 매우 안정감, 진정된 느낌을 줄 수 있다.

(9) 집중적으로 실시하는 기간 동안에는 차나 생수를 매일 최소 3~4리터 정도 마시도
록 한다.

(10) 담배를 삼간다. 잘못된 식습관을 버려야 한다.

(11) 충분한 운동을 하도록 한다.

5) 림프드레나쥐 기법의 기본 원칙

(1) 림프드레나쥐 시행 시 중앙부위는 말초부위보다 먼저 시행해야 한다. 중앙부위는 말초부위로부터 림프액이 흘러 들어와야 되므로 림프액 이동자리를 내주기 위해 공간을 비워주어야 한다.

(2) 림프드레나쥐 시행 시 압력은 30~40mm/Hg 정도가 적당하다.

(3) 각각의 정지 상태 원 동작은 0에서 20~40mm/Hg로 점점 압력을 변화시키면서 시행해야 한다. 펌핑 동작 시 압력은 조직에 영향을 미칠 수 있을 정도의 부드러운 압력으로 해야 한다.

(4) 압력방향은 피부에서 림프흐름에 일치하여 시행한다.

(5) 매 동작을 시행할 때는 한 부위에서 5~7회 정도 반복한다. 유동조직의 관성덩어리가 반응하기까지는 적당한 시간이 필요하기 때문에 반드시 반복적으로 횟수를 오래 해야 한다.

(6) 시행을 할 때는 압력기를 이완기보다 길게 해주어야 한다.

(7) 일반적으로 피부가 붉게 되지 않게 해야 한다.

(8) 림프드레나쥐 시행 시 통증을 느끼게 해서는 안 된다.

2. 림프드레나쥐 실기

1) 데꼴데 림프드레나쥐

(1) 데콜데 부위(흉골에서 액와까지) 엄지를 이용하여 5회 쓰다듬기를 한다.

마지막 쓰다듬기는 쇄골 끝점까지 쓰다듬는다.

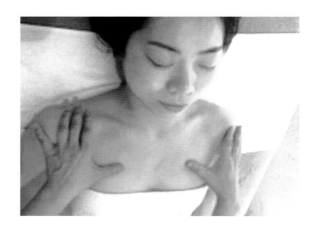

(2) 경부 림프절 부위(프로펀더스 → 미들 → 터미누스)를 5번씩 3회 고정 원 그리기를 한다.

① 프로펀더스 위치 및 시술방법

② 미들 위치 및 시술방법

③ 터미누스 위치 및 시술방법

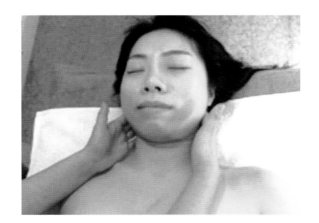

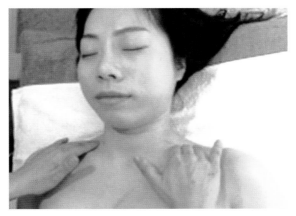

(3) 후두림프절 부위(후두아래 목, 중간 목, 터미누스)를 5번씩 3회 고정 원 그리기를 한다.

　① 후두아래 목 위치 및 시술방법

　② 중간 목 및 시술방법

　③ 터미누스 위치 및 시술방법

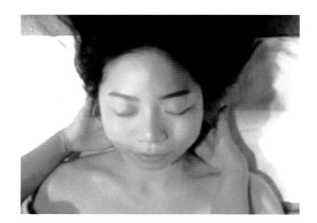

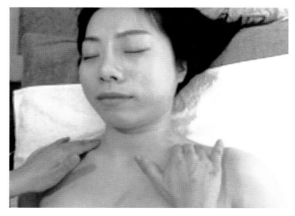

(4) 하악 부위(턱 중앙, 중간부위, 하악 각)를 5번씩 3회 고정 원 그리기를 한다.

① 턱 중앙 위치 및 시술방법

② 중간부위 및 시술방법

③ 하악 각 위치 및 시술방법

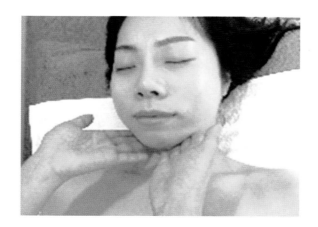

(5) 포크기법(귀의 앞과 뒤를 검지와 중지를 끼운다)을 5번씩 3회 고정 원 그리기
를 한다.

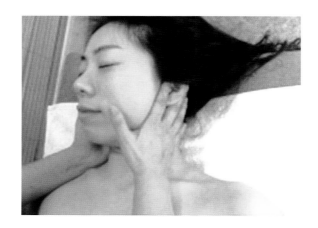

(6) 어깨/승모근 부위(어깨, 승모근, 터미누스)를 5번씩 3회 고정 원 그리기를 한다.

① 어깨 위치 및 시술방법

② 승모근 부위 및 시술방법

③ 터미누스 위치 및 시술방법

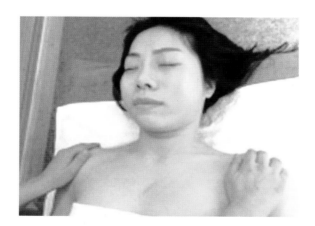

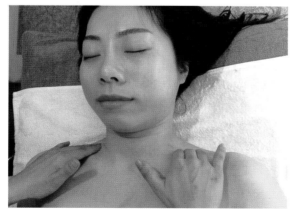

(7) 경부 림프절 부위(프로펀더스 → 미들 → 터미누스)를 5번씩 1회 고정 원 그리
기를 한다.

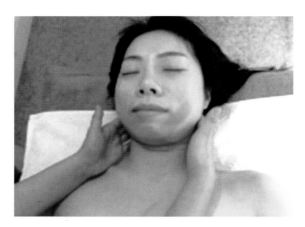

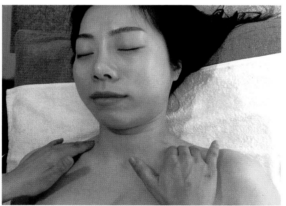

(8) 데콜테 부위(흉골에서 액와까지) 엄지를 이용하여 5회 쓰다듬기를 한다.

마지막 쓰다듬기는 쇄골 끝점까지 쓰다듬는다.

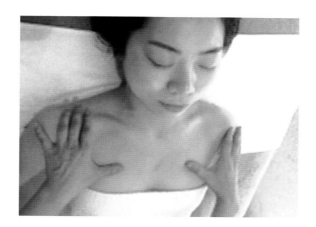

데콜테

2) 얼굴 림프드레나쥐

(1) 목, 입술 아랫부분, 입술 윗부분, 코, 볼, 이마를 평행하게 쓰다듬기를 1회 실시
한다.

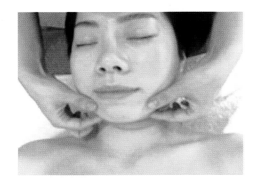

(2) 하악(입술 아래턱부위 → 중간부위 → 앵글루스) 순서로 5번씩 3회 고정 원 그리기를 한다.

① 입술 아래턱부위 위치 및 시술방법

② 중간부위 위치 및 시술방법

③ 앵글루스 위치 및 시술방법

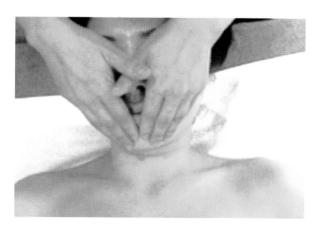

(3) 윗입술(윗입술 → 양쪽 입 꼬리 → 앵글루스) 순서로 5번씩 3회 고정 원 그리기를 한다.

① 윗입술부위 위치 및 시술방법

② 양쪽 입 꼬리 부위 위치 및 시술방법

③ 앵글루스 위치 및 시술방법

(4) 경부 림프절(프로펀더스 → 미들 → 터미누스) 순서로 5번씩 3회 고정 원 그리기를 한다.

① 프로펀더스 위치 및 시술방법

② 미들 위치 및 시술방법

③ 터미누스 위치 및 시술방법

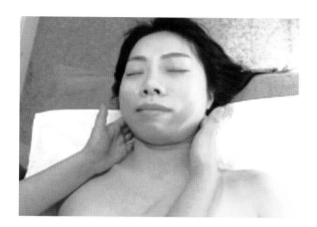

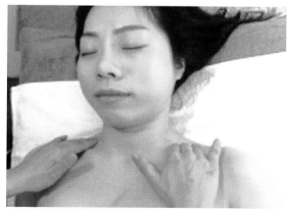

(5) 콧대를 3단계로 나뉘어서 5번씩 3회 고정 원 그리기를 한다.

① 콧대 하단 중앙, 중간, 콧 망울 부위를 3등분하여 5번씩 3회 고정 원 그리기를 한다.

② 콧대 중단 중앙, 중간, 콧 망울 부위를 2등분하여 5번씩 3회 고정 원 그리기를 한다.

③ 콧대 상단 중앙, 중간, 콧 망울 부위를 5번씩 3회 고정 원 그리기를 한다.

④ 콧대 상단, 콧대 중단, 콧대 하단까지 3부위에 5번씩 3회 고정 원 그리기를 한다.

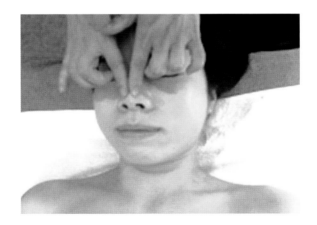

(6) 긴여행(관골부위 → 입 꼬리 → 턱 중앙) → 턱밑에서 하악각 부위 순서로 5번 씩 3회 고정 원 그리기를 한다.

① 관골부위 위치 및 시술방법

② 입 꼬리부위 위치 및 시술방법

③ 턱 중앙부위 위치 및 시술방법

④ 턱밑 중앙에서 하악각까지 시술방법

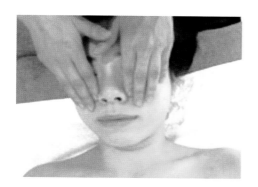

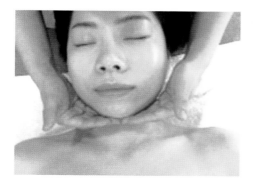
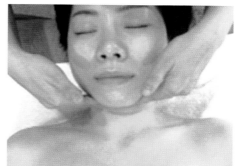

(7) 눈 아래 앞머리 → 눈 아래 중간 → 눈 꼬리 부위를 순서로 5번씩 3회 고정 원 그리기를 한다.

① 눈 아래 앞머리 부위 위치 및 시술방법

② 눈 아래 중간부위 위치 및 시술방법

③ 눈 꼬리 부위 위치 및 시술방법

(8) 코 벽을 3회 쓸어 올린 후(검지) 눈썹을 5부위를 3회 집어준다(검지와 엄지).

① 코 벽 쓸어 올리기 시술방법

② 눈썹 5부위를 집어주기

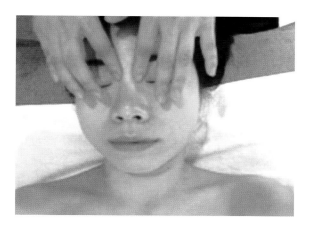

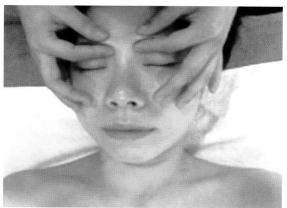

(9) 양손의 엄지로 코 벽을 타고 위로 쓸어 올리면서 눈썹을 지나 엄지를 90°로 세운 후 양손을 겹쳐서 마주 보도록 한다. 겹쳐진 양손을 펴고 회전(세배하듯이)하면서 눈썹 위를 측면으로 가볍게 누른다(3회).

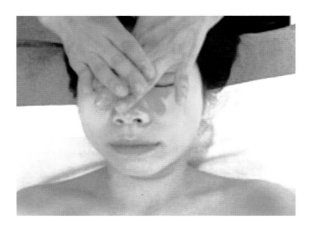

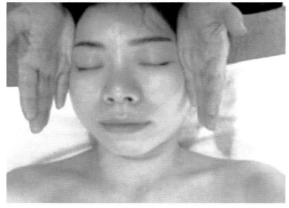

(10) 눈썹 부위를 3등분하여 5번씩 3회 고정 원 그리기를 한다.

　　① 눈썹 앞 부위 위치 및 시술방법

　　② 눈썹 중간 부위 위치 및 시술방법

　　③ 눈썹 끝 부위 위치 및 시술방법

(11) 이마 중간에서 측두골(관자놀이) 부위를 5번씩 3회 고정 원 그리기를 한다.

　　① 이마 중앙 부위 위치 및 시술방법

　　② 이마 중간 부위 위치 및 시술방법

　　③ 이마 관자놀이 위치 및 시술방법

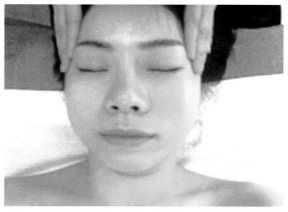

(12) 얼굴 측면(템포랄리스 → 파로티스 → 앵글루스) 부위를 5번씩 1회 고정 원 그리기를 한다.

① 템포랄리스 위치 및 시술방법

② 파로티스 위치 및 시술방법

③ 앵글루스 위치 및 시술방법

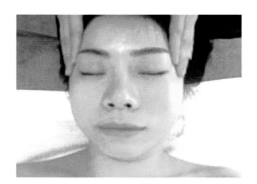

(13) 집결지(프로펀더스) 비우기, 5회씩 4회(총 20회)의 고정 원 그리기를 한다.

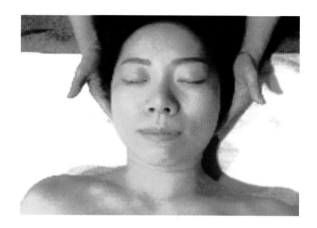

(14) 경부 림프절(프로펀더스 → 미들 → 터미누스)로 5번씩 1회 고정 원 그리기를 한다.

① 프로펀더스 위치 및 시술방법

② 미들 위치 및 시술방법

③ 터미누스 위치 및 시술방법

(15) 마무리로 얼굴전체를 쓰다듬기를 한다.

① 모지구를 사용해서 미간에서 관자놀이까지 2부위로 나누어 쓰다듬는다.

② 관자놀이에서 손을 안쪽으로 들어와 눈 아래에서 엄지를 이용하여 볼 옆을 교차하게 하여 쓰다듬는다.

③ 새끼손가락 옆면만 얼굴에 닿게 하고 두 손을 컵 모양으로 만들어 얼굴에 댄 후 측면으로 쓰다듬는다.

④ 턱 끝에서 외측으로 하악각까지 쓰다듬는다.

얼굴 동작 1   얼굴 동작 2

3) 두피와 목덜미 림프드레나쥐

(1) 쓰다듬기
흉추 중간에서 경추까지 엄지를 이용하여 로터리 동작을 적용한다.

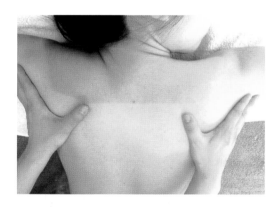

(2) 경부림프절(프로펀더스 → 미들 → 터미누스)로 5번씩 3회 고정 원 그리기를 한다.

① 프로펀더스 위치 및 시술방법

② 미들 위치 및 시술방법

③ 터미누스 위치 및 시술방법

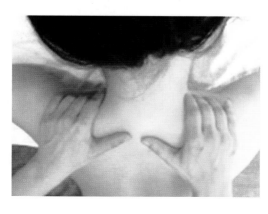

(3) 후두림프절(후두아래, 중간, 터미누스)로 5번씩 3회 고정 원 그리기를 한다.

　① 후두아래 위치 및 시술방법

　② 중간 위치 및 시술방법

　③ 터미누스 위치 및 시술방법

(4) 후두를 3위치(후두융기, 뒷머리 중간, 뒷머리 두정)에서 5번씩 3회 고정 원 그리기를 한다.

① 후두융기의 중앙, 중간, 끝 위치 및 시술방법

② 뒷머리 중간의 중앙, 중간, 끝 위치 및 시술방법

③ 뒷머리 두정의 중앙, 중간, 끝 위치 및 시술방법

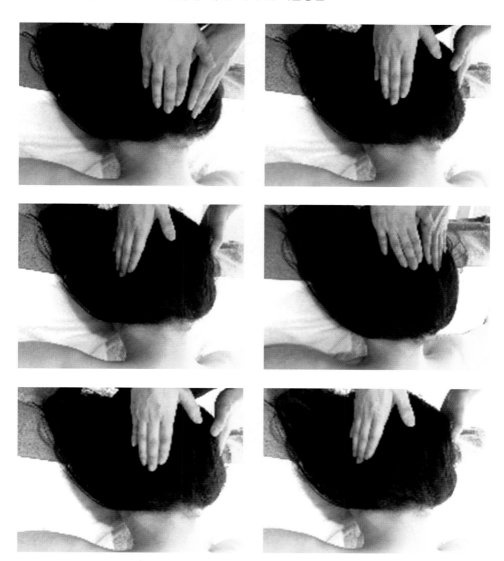

(5) 머리측면을 따라 터미누스까지 5번씩 1회 고정 원 그리기를 한다.

① 머리측면 위치 및 시술방법

② 목 측면 위치 및 시술방법

③ 터미누스 위치 및 시술방법

⑹ 목덜미 선에서 후두를 잡고 가볍게 진동을 준다.(3회)

(7) 삼각근에서 어깨위, 터미누스까지 펌프기법을 한다.

① 삼각근 위치 및 시술방법

② 삼각근 중간 위치 및 시술방법

③ 터미누스 위치 및 시술방법

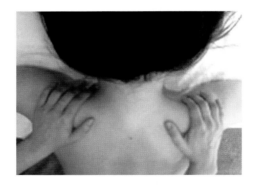

(8) 목덜미 위에서 펌프-밀기(6회)를 적용하는데 후두에서 시작하여 터미누스로
내려온다. (3회)

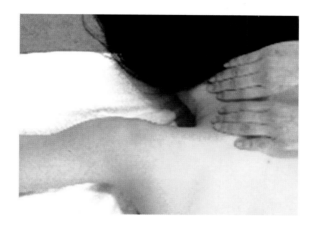

(9) 체간상부에서 척추를 따라 엄지손가락으로 엄지 원 그리기를 한다. (3회)

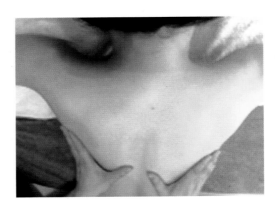

(10) 체간상부에서 터미누스(오른쪽)를 따라 엄지손가락으로 엄지 원 그리기를 한다.(3회)

(11) 체간상부에서 터미누스(왼쪽)를 따라 엄지손가락으로 엄지 원 그리기를 한다.(3회)

(12) 한 라인에서 여덟 손가락 끝을 이용하여 5회씩 3회 고정 원 그리기를 한다.

흉부 상부의 양측면에서 척추방향으로 적용한다.

① 흉추 상부 병정 위치 및 시술방법

② 흉추 상부 병정 반대편 위치 및 시술방법

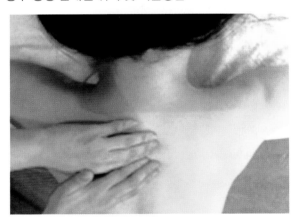

(13) 경추상부에서 흉추까지 진동한다.(1회)

(14) 흉추 상부에서 터미누스까지 엄지를 이용하여 로터리 동작을 한다.

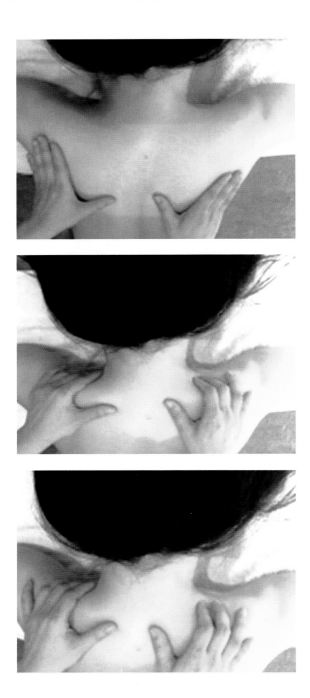

4) 등 림프드레나쥐

(1) 체간상부, 체간중부, 요부에서 머리 방향으로 쓰다듬기를 한다.

① 체간상부에서 머리 방향 위치 및 시술방법(3회)

② 체간중부에서 머리 방향 위치 및 시술방법(5회)

③ 요부에서 머리 방향 위치 및 시술방법(7회)

(2) 오른쪽 체간을 3부분(상부, 중부, 하부, 중부) 교대로 로터리 적용하기를 한다.

① 상부 위치 및 시술방법

② 중부 위치 및 시술방법

③ 하부 위치 및 시술방법

④ 중부 위치 및 시술방법

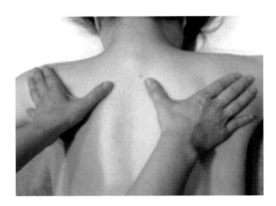

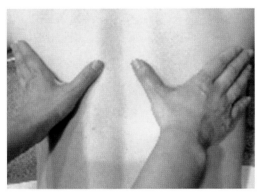

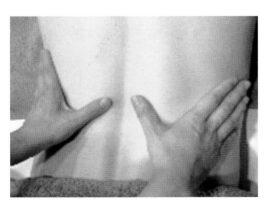

(3) 늑간 사이에 여덟 손가락 바닥면을 대고 늑간부위(늑간 시작, 늑간 중간, 늑간 끝, 늑간 중간)를 3회 고정 원 그리기를 한다.

　① 늑간 시작 위치 및 시술방법

　② 늑간 중간 위치 및 시술방법

　③ 늑간 끝 위치 및 시술방법

　④ 늑간 중간 위치 및 시술방법

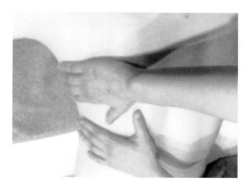
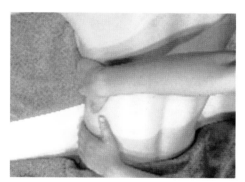

(4) 추에서 측면으로 내려가면서 4회 로터리 동작, 겨드랑이 방향으로 측면을 따라 펌프-밀기로 올려간다.

① 일곱 테크닉 : 하나(오른손 로터리) → 둘(왼손 로터리) → 셋(오른손 로터리) → 넷(왼손 로터리)

→ 다섯(오른손 펌프) → 여섯(왼손 밀기) → 일(오른손 펌프) → 곱(왼손 밀기)

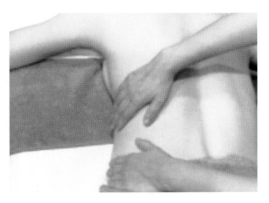

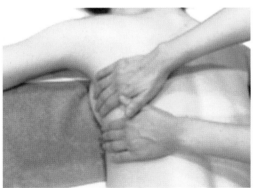

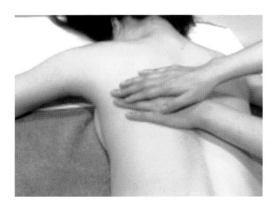

(5) 체간 하부, 체간 중부, 체간 상부를 따라 큰 고정 원 그리기를 한다.

① 체간 하부 위치 및 시술방법

② 체간 중부 위치 및 시술방법

③ 체간 하부 위치 및 시술방법

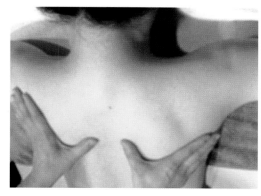

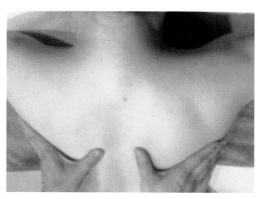

(6) 삼각근 시작, 중간, 기시부위로 양손의 여덟 손가락을 이용하여 고정 원 그리기를 한다.

① 삼각근 시작 위치 및 시술방법

② 삼각근 중간 위치 및 시술방법

③ 삼각근 기시 위치 및 시술방법

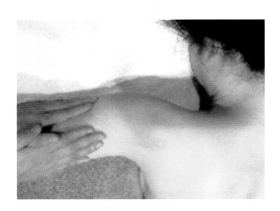

(7) 오른쪽 승모근을 양손 엄지로 고정 원을 그리기를 한다.

(8) 왼쪽 2~7번을 실시한다.

(9) 척추 전체를 체간 하부, 중부, 상부 방향으로 양손의 여덟 손가락을 동시에 로터리 동작을 한다.

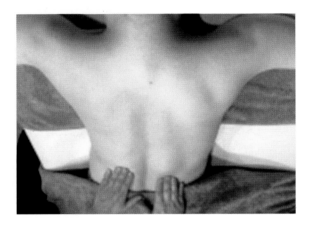

(10) 견갑골 하각에서 상각까지 엄지로 로터리 동작을 실시한다.

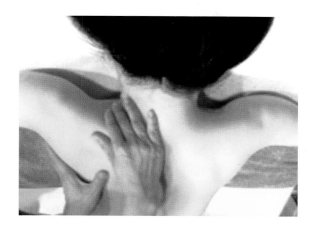

(11) 견갑골의 내측 면에서 견갑골하단, 중간, 상단까지 엄지를 이용하여 5회씩 3
회 고정원 그리기를 한다.(오른쪽은 시계방향, 왼쪽은 반 시계방향)

① 견갑골 하단 위치 및 시술방법

② 견갑골 중간 위치 및 시술방법

③ 견갑골 상단 위치 및 시술방법

(12) 견갑골의 내측 면에서 상단, 중간, 하단까지 여덟 손가락을 펴고 3회씩 고정 원 그리기를 한다.(오른쪽은 시계방향, 왼쪽은 반 시계방향)

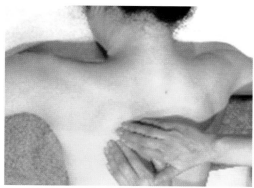

(13) 견갑골의 내측 면에서 상단, 중간, 하단까지 여덟 손가락 끝으로 고정 원 그리기를 한다.(오른쪽은 시계방향, 왼쪽은 반 시계방향)

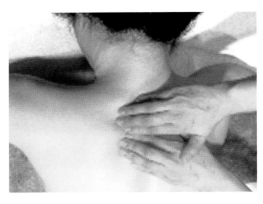

(14) 한 라인에서 여덟 손가락 끝을 이용하여 5회씩 3회 고정원 그리기를 한다. 흉부 상부의 양측 면에서 척추방향으로 적용한다.

① 체간 상부, 중간, 하부 병정 위치 및 시술방법

② 체간 상부, 중간, 하부 병정 반대편 위치 및 시술방법

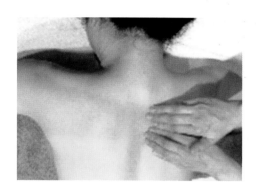

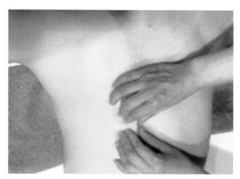

(15) 체간 상부에서 하부, 허리부분까지 내려오면서 진동을 한다.

(16) 체간 하부에서 터미누스까지 양손바닥을 이용하여 쓰다듬기 동작을 한다음
터미누스로 빠지면서 마무리한다.

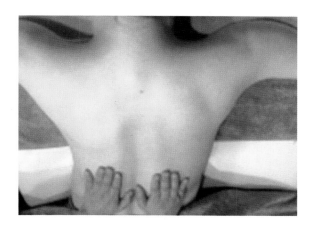

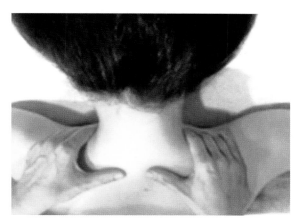

5) 다리 림프드레나쥐

(1) 발에서 서혜부까지 쓰다듬기를 한다.(1회)

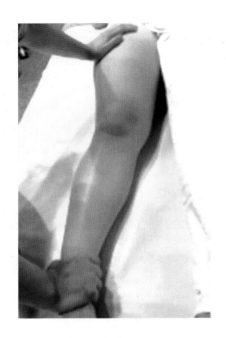

(2) 대퇴 무릎위에서 서혜부 있는 곳까지 양손을 이용하여 펌프동작을 실시한
다.(6~8회에서 걸쳐 3회)

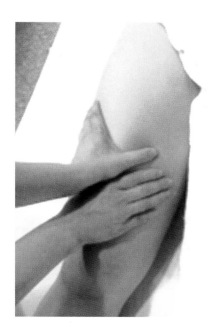

(3) 대퇴내측에서 서혜부까지 6회에 걸쳐 아래의 손은 펌프, 그리고 위의 손은 밀기를 한다.(3회)

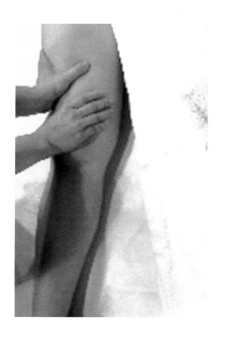

(4) 대퇴전면에서 서혜부까지 6회에 걸쳐 아래의 손은 펌프, 그리고 위의 손은 밀기를 한다.(3회)

(5) 대퇴외측에서 서혜부까지 6회에 걸쳐 아래의 손은 펌프, 그리고 위의 손은 밀기를 한다.(3회)

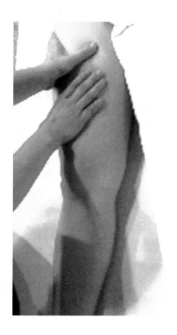

(6) 대퇴부의 내측 중간, 서혜부 중간, 서혜부까지 여덟개 손가락을 편평하게 펴고
5회씩 고정원 그리기를 한다.(밑에서 위로 반원 그리기, 3회)

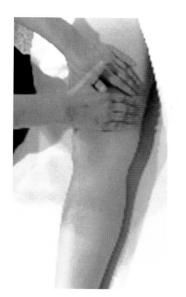 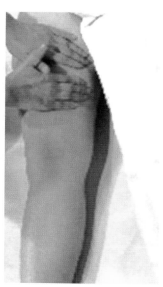

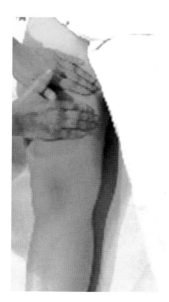

(7) 서혜부, 중간, 무릎 내측까지 바깥쪽에서 안쪽으로 3번에 걸쳐 크게 원을 그리
면서 고정 원을 그린다.(위에서 밑으로 반원그리기, 3회)

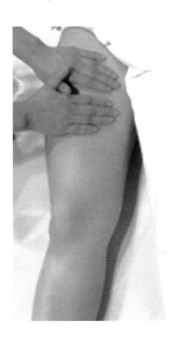

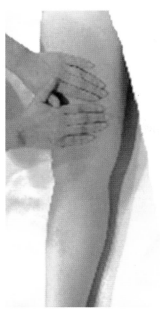

(8) 무릎부위를 엄지를 이용하여 90도 방향으로 엄지를 이용하여 밀기 동작을 실시한다. 6회번 갈아 원 그리기를 실시한다.(3회)

(9) 슬와 부위를 여덟 손가락으로 말아 올리기를 5회씩 3회 실시한다.

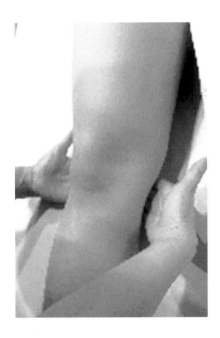

(10) 슬개골 주변을 엄지를 이용하여 고정 원을 5회씩 3회 그리기를 한다.

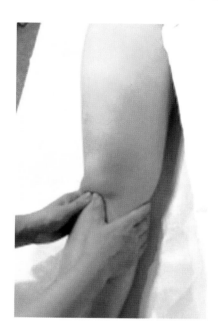

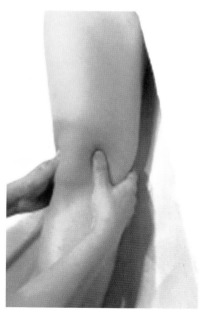

(11) 왼손은 무릎을 받치고 오른손으로 슬개골을 펌프동작을 한다.

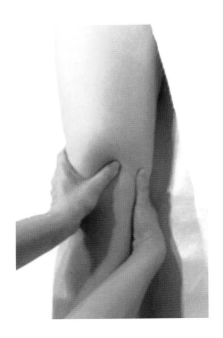

(12) 무릎안쪽을 거위발 엄지 원 그리기를 6회에 걸쳐서 실시한다.

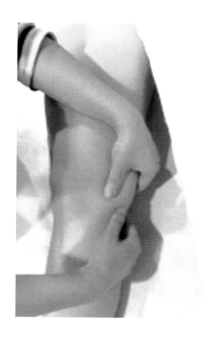

(13) 무릎을 접어서 왼손은 하퇴 뒤에 놓고 펌프동작을, 다른 손은 종아리 외측에서 말아 올리기 동작을 한다.(3회)

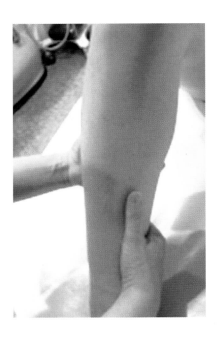

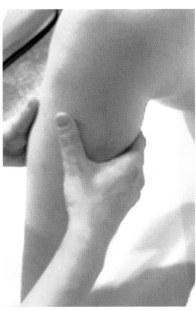

(14) 양손의 엄지를 경골에 놓고 여덟 손가락을 이용하여 종아리에서 슬와 부위까

　　지 말아 올리기를 한다.(3회)

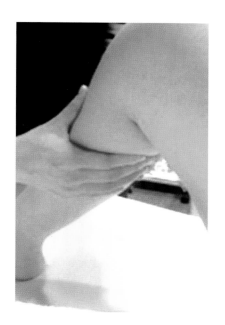

(15) 다리를 펴고 아킬레스건 주변으로 손바닥을 나란히 대고 윗 방향으로 여덟 손
가락으로 고정 원 그리기를 한다.(3회)

(16) 목내측, 중간, 외측을 6회씩 번갈아가면서 엄지를 이용하여 원 그리기를 한다.(3회)

① 발목 내측 위치 및 시술방법

② 발목 중간 위치 및 시술방법

③ 발목 외측 위치 및 시술방법

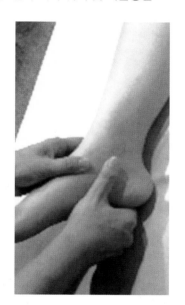

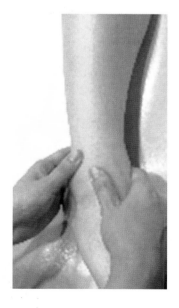

(17) 발등내측, 중간, 외측을 6회씩 번갈아가면서 엄지를 이용하여 원그리기를 한
다.(3회)

① 발등 내측 위치 및 시술방법

② 발등 중간 위치 및 시술방법

③ 발등 외측 위치 및 시술방법

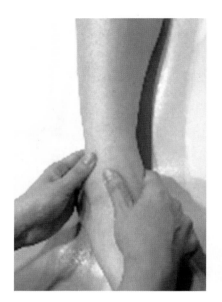
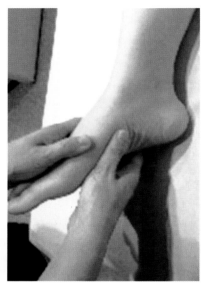
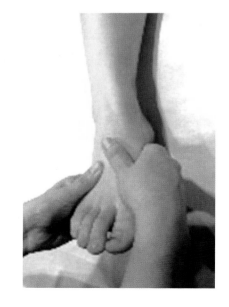

(18) 발가락에 시작되는 발등지점을 엄지손가락을 마주보게 한 후 고정 원 그리기
　　를 한다.(3회)

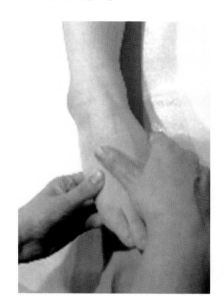

(19) 손가락을 발바닥 아래에 두고 양손을 누르는 동작으로 족궁을 만들어 준다.
(3회)

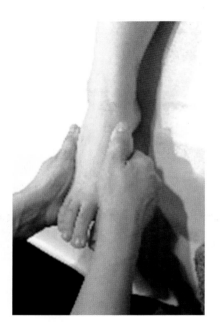

(20) 발에서 서혜부까지 쓰다듬기를 한다.(1회)

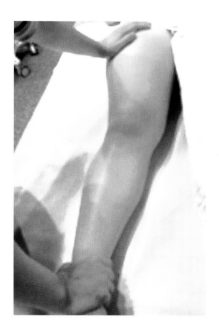

두피, 등, 다리

6) 복부 림프드레나쥐

(1) 치골에서 흉골까지 엄지를 이용하여 로터리 동작을 한다.(3회)

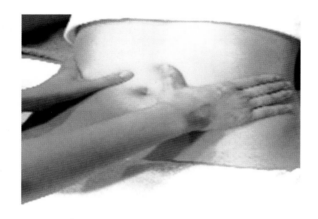

(2) 장골능에서 치골 방향으로 하행결장을 따라서 양손으로 약간 힘을 주면서 번갈
   아가면서 쓰다듬기(3회)

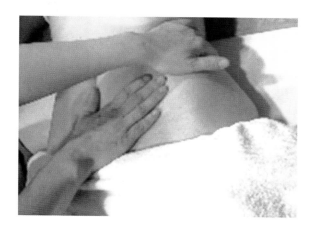

(3) 양손을 이용하여 하행, 상행, 횡행결장을 삼각형 패턴으로 쓰다듬는다.(3회)

① 오른손은 하행결장, 왼손은 횡행결장 위치 및 시술방법

② 왼손이 하행결장, 오른손이 상행결장 위치 및 시술방법

③ 왼손이 치골 위, 오른손이 배꼽 위 위치 및 시술방법

④ 오른손은 하행결장, 왼손은 횡행결장 위치 및 시술방법

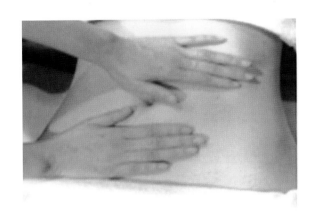

(4) 하행결장, 상행결장, 횡행결장을 손을 포개어 여덟 손가락으로 고정 원 그리기 그리고 밀어올리기를 한다.(3회)

① 하행결장 위치 및 시술방법

② 상행결장 위치 및 시술방법

③ 횡행결장 및 시술방법

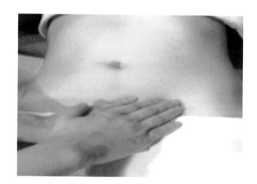

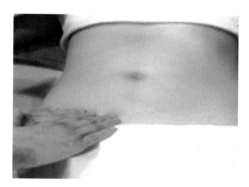

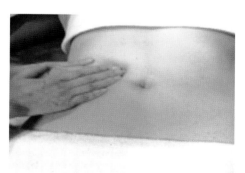

(5) 일곱에 일까지 세면서 하행결장, 상행결장, 횡행결장을 따라서 여덟 손가락으로 나선형의 동작을 만들어서 회전한다.(3회)

　① 하행결장 위치 및 시술방법

　② 상행결장 위치 및 시술방법

　③ 횡행결장 및 시술방법

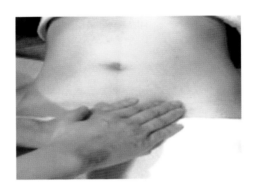

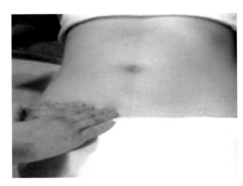

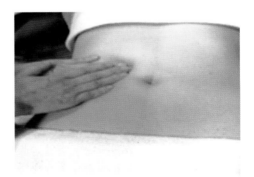

(6) 배 위에서 전후, 좌우를 엄지를 이용하여 로터리를 한다.

① 전후 위치 및 시술방법

② 좌우 위치 및 시술방법

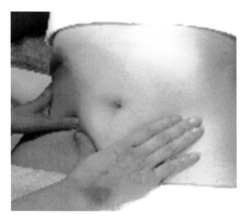

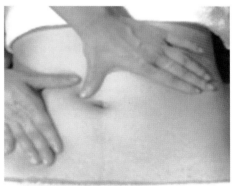

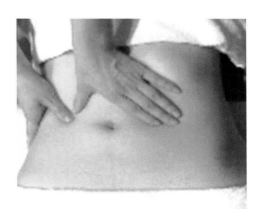

(7) 고객의 위로 서서 횡으로 내측, 중간, 외측을 번갈아가면서 엄지 원 그리기를 한다.

수평림프경계를 기준으로 서혜부 림프절 방향으로 내려가면서 실시하도록 한다.

① 내측 위치 및 시술방법

② 중간 위치 및 시술방법

③ 외측 위치 및 시술방법

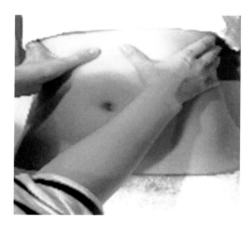

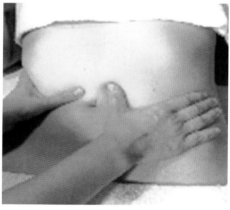

(8) 우복부 림프절과 좌복부 림프절을 여덟 손가락으로 발쪽으로 가볍게 밀었다가
심부를 누르듯이 고정 원 그리기를 한다.(3~5회)

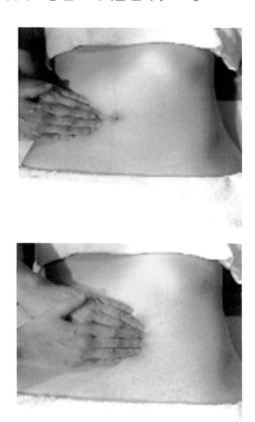

(9) 치골에서 흉골 방향으로 엄지손가락으로 3회에 걸쳐 로터리 동작을 실시한다.

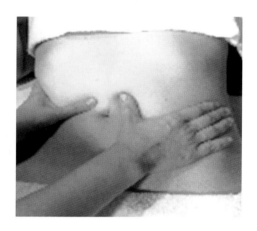

(10) 엄지로 흉골에서 늑골궁까지, 장골능에서 치골까지 쓰다듬기를 한다.

① 흉골에서 늑골궁까지 위치 및 시술방법

② 장골능에서 치골까지 위치 및 시술방법

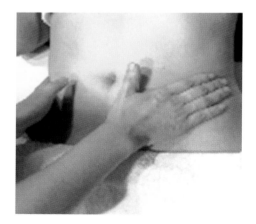

복부

7) 팔 림프드레나쥐

(1) 손에서 어깨까지 가볍게 쓸어 올린다.(1회)

(2) 상완삼두근을 양 손의 여덟 손가락을 이용하여 교대로 말아 올리기를 한다.(3회)

(3) 삼각근에서 어깨방향으로 5회에 걸쳐 양 손으로 펌프동작을 한다.(3회)

(4) 삼각근의 앞, 뒤로 손바닥을 접촉하여 6회로 교대로 원그리기를 한다.(3회)

(5) 상완 림프절을 여덟 손가락으로 5회씩 고정 원 그리기를 한다.(3회)

　① 상완 내측 위치 및 시술방법

　② 상완 중간 위치 및 시술방법

　③ 겨드랑이 위치 및 시술방법

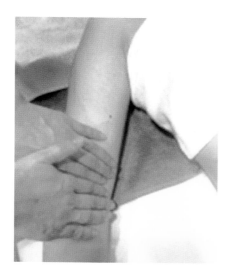
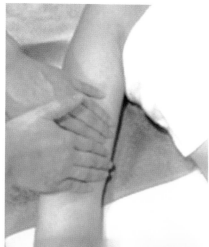
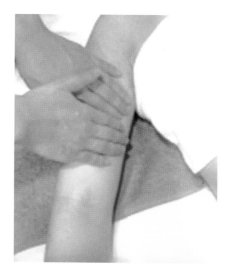

(6) 손목을 구부려 왼손은 펌프동작, 오른손은 엄지를 이용하여 로터리 동작을 한다.(펌프-밀기, 3회)

(7) 팔꿈치부위를 네 손가락과 엄지의 시작부위를 이용하여 상부로 5회 누르기를
한다.

(8) 팔꿈치 내측선과 외측선 부위를 엄지로 로터리동작을 한다.(각 5회씩 3회 실시)

① 팔꿈치 내측선 위치 및 시술방법

② 팔꿈치 외측선 위치 및 시술방법

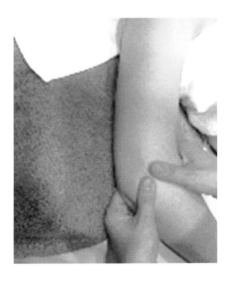

(9) 팔꿈치 접히는 부위를 내측에서 외측으로 5회 엄지로 바깥쪽으로 밀어 준 다음
나선형 동작으로 원 그리기를 한다.(3회)

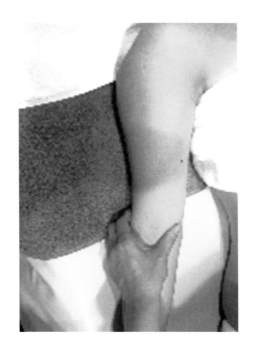

(10) 전완 배측과 복측을 손으로 말아 올리기를 5회씩 실시한다.(3회)

　　① 전완 배측 위치 및 시술방법

　　② 전완 복측 위치 및 시술방법

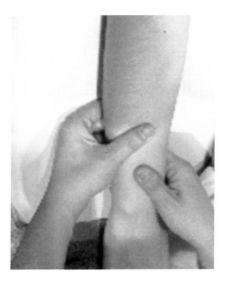

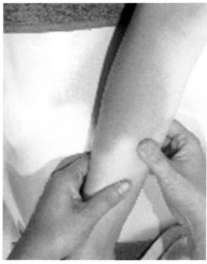

(11) 손목내측, 중간, 외측을 6회씩 번갈아가면서 엄지를 이용하여 원 그리기를 한다.(3회)

① 손목 내측 위치 및 시술방법

② 손목 중간 위치 및 시술방법

③ 손목 외측 위치 및 시술방법

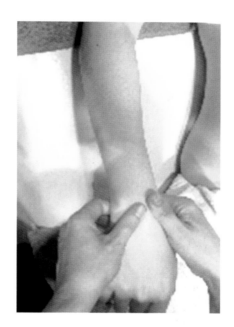

(12) 손등내측, 중간, 외측을 6회씩 번갈아 가면서 엄지를 이용하여 원 그리기를
한다.(3회)

① 손등 내측 위치 및 시술방법

② 손등 중간 위치 및 시술방법

③ 손등 외측 위치 및 시술방법

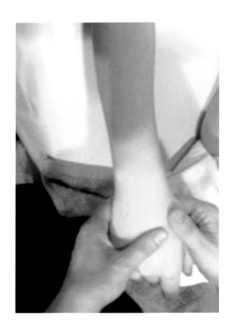

(13) 엄지손가락을 관리사의 검지로 지지한 후 엄지로 원 그리기를 한 후(3회), 네 손가락과 모지구를 이용하여 누르기를 한다(2회).

(14) 동시에 2, 4번째, 3, 5번째 손가락을 엄지로 원그리기를 한다.(6회에 걸쳐서 3회)

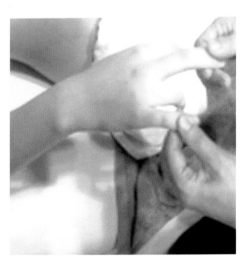

(15) 손바닥을 엄지로 번갈아가면서 원 그리기를 한다.(6회에 걸쳐서 3회)

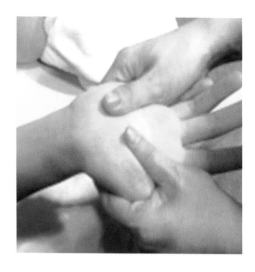

(16) 손에서 삼각근까지 마무리 쓰다듬기를 실시한다.(1회)

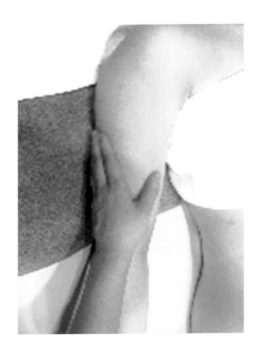

팔 동작 1   팔 동작 2